JICHU DIZHIXUE
SHIYAN SHIXI ZHIDAO

基础地质学
实验实习指导

沈立成◎著

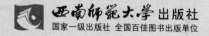

西南师范大学 出版社
国家一级出版社 全国百佳图书出版单位

图书在版编目（CIP）数据

基础地质学实验实习指导／沈立成著. -- 重庆：
西南师范大学出版社，2015.9
ISBN 978-7-5621-7478-3

Ⅰ.①基⋯ Ⅱ.①沈⋯ Ⅲ.①地质学—实验—高等学
校—教学参考资料 Ⅳ.①P5-33

中国版本图书馆 CIP 数据核字（2015）第 147199 号

基础地质学实验实习指导

沈立成 著

责任编辑：张燕妮
装帧设计：魏显锋
出版发行：西南师范大学出版社
　　　　　地址：重庆市北碚区天生路 1 号
　　　　　邮编：400715 市场营销部电话：023-68868624
　　　　　http://www.xscbs.com
经　　销：新华书店
印　　刷：重庆市正前方彩色印刷有限公司
开　　本：720mm×1030mm 1/16
印　　张：10.25
插　　页：16
字　　数：160 千字
版　　次：2016 年 6 月第 1 版
印　　次：2016 年 6 月第 1 次
书　　号：ISBN 978-7-5621-7478-3

定　　价：25.00 元

前 言
Preface

　　《基础地质学实验实习指导》是基于高等学校地理专业及相关学科使用的专业地质课实验实习指导用书,是根据多年在本科生和研究生的实践教学过程中,在原西南师范大学地理系内部教材《地质学实习指导书》的基础上,结合近年的教学实践和科学研究的成果不断总结编写而成的。

　　《基础地质学实验实习指导》目的在于加强学生对地层、地貌、岩石、矿物等知识的基本概念、形成的基本原理和野外观察的基本技能的理解和巩固,以整体提高学生在野外工作中提取地质信息的技能。

　　实习指导书共分为六章,第一、二章主要是对矿物和岩石的认识,进一步加强和巩固基础地质学知识,增强感性认识;第三章是地质图的读图和分析能力培养,培养学生的读图能力;第四章为地质野外实习,掌握地质三件套的使用方法,掌握地质工作的基本方法和技能,培养综合动手能力;第五章为野外实习路线及其相关资料,安排了中生代、古生代地层构造实习、峡谷地貌形成以及岩溶石林地貌形成实习,丰富学生视野,增强体质,为学生后续从事生产实习、毕业实习奠定坚实的基础;第六章为参考资料和附图。

本实习指导书适用于地理科学、资源环境与城乡规划管理、地理信息系统、第四纪地质学、自然地理学等相关专业的研究生和本科生、专科生使用，也可以作为中学地理教师的教学参考书和供野外地质工作队相关人员阅读、参考。

　　在成书编写出版过程中，秦万成、罗正富、罗伦德、吕德仁等退休老教授给予了实质性的指导，同时还得到了谢力华、杨琰、严宁珍、李俊云等一线教师的建议和补充资料，在此一并表示真诚谢意。衷心感谢被收入本书的图片的原作者，由于条件限制，暂时无法和部分原作者取得联系。恳请这些原作者与我取得联系，以便付酬并奉送样书。

　　本书编写出版之际，恰逢西南大学组建 10 周年暨办学 110 周年，谨将此书作为庆贺的一份献礼。

编著者

2016 年 4 月

目 录
Content

第四章

野外地质实习与实习地地层资料

第五章

野外实践教学内容及要求

第六章

参考资料

第一章

矿物实习

一、目的要求

1. 掌握肉眼鉴定矿物的方法；

2. 系统地认识各类矿物，掌握其他的鉴定特征；

3. 实习前要预习课堂讲授的理论部分和每次实习的内容；

4. 观察矿物时要认真、仔细、全面；

5. 观察矿物性质时应有主次之分，一定要掌握它们的主要鉴定特征；

6. 对于相似或相近的矿物要进行对比观察，找出它们的主要差别。

二、实习用具

1. 矿物标本（包括手标本及薄片、光片）；

2. 放大镜、立体显微镜、小刀、条痕板、磁铁、偏光显微镜、实习用纸。

三、矿物的肉眼鉴定

主要根据矿物的形态和矿物的物理性质来鉴定。

（一）矿物的形态

矿物的形态是矿物的重要外表特征，它往往反映矿物内部构造，生成存在方式和形成环境。因此，矿物形态是重要的鉴定特征之一。

1. 晶体习性

成分和内部构造相同的所有晶体常具有一定的形态,称为:晶体习性,分为以下三种。

(1)一向延伸——柱状:辉石、角闪石

　　　　　　　　长状柱:辉锑矿

　　　　　　　　针状:电气石

　　　　　　　　纤维状:石棉

(2)二向延展——板状:石膏、钨锰铁矿

　　　　　　　　片状:云母

　　　　　　　　鳞片状:石墨

(3)三向等长——粒状:石榴石

2. 集合体形态

集合体形态的命名,有的受单体形态的控制,例如柱状集合体;有的是模仿实物而命名的,例如葡萄状集合体。

矿物的集合体形态有:

(1)粒状:橄榄石;

(2)致密块状:滑石;

(3)针状:辉锑矿;

(4)纤维状:纤维石膏、透闪石;

(5)放射状:阳起石;

(6)鳞片状:镜铁矿、石墨;

(7)叶片状:绿泥石;

(8)结核体:磷灰石;

(9)豆状:铝土矿;

(10)葡萄状:菱锌矿;

(11)肾状:硬锰矿;

(12)钟乳状:石钟乳;

（13）鲕状：赤铁矿；

（14）分泌体（大者称晶腺，如玛瑙；小者称杏仁体，玄武岩中常见）；

（15）晶簇：石英；

（16）土状体：高岭土。

3. 晶面浮雕

晶面浮雕是某些矿物的主要鉴定特征，包括条纹晶面浮雕和蚀象晶面浮雕两种，而条纹晶面浮雕又分为以下两种：

（1）晶形条纹——由两个单形晶体相聚而成：黄铁矿、石英、电气石；

（2）双晶纹——由聚片双晶组合而成：钠长石。

（二）矿物的颜色

矿物的颜色是矿物对可见光中不同波长光波选择性吸收和反射的物理性能的表征。根据产生颜色的原因分为自色、他色和假色。自色由矿物本身的内在因素所引起（主要为色素离子和内部构造决定），颜色固定；他色由杂质引起；假色由外在因素所引起。作为矿物特征来说，自色及部分假色具有鉴定意义。

1. 命名方法

以颜色类似的物品来比喻矿物的颜色，用于彩色矿物的如砖红、血红、橘红、雪白、乳白等；用于金属色矿物的如铁黑、钢灰、铅灰、锡白、银白、铜红、铜黄、金黄等。

描述矿物时应将次要颜色放在前面，主要颜色放在后面。如绿黄色、灰白色等。为了进一步表示不同程度的色调，可加表示色调程度的形容词，如淡黄绿色等。

2. 观察矿物颜色注意事项

（1）应当区分矿物新鲜面的颜色和风化面的颜色；

(2)光源和介质不同则呈现不同色调的颜色,一般以日光为光源,空气为第一介质。

3.比色矿物

为了比较正确地描述矿物的颜色,应当熟悉比色矿物(据别捷赫琴):

(1)紫色——紫水晶;

(2)蓝色——蓝铜矿;

(3)绿色——孔雀石;

(4)黄色——雌黄;

(5)橙色——铬酸铅矿;

(6)红色——辰砂(粉末);

(7)褐色——多孔褐铁矿;

(8)黄褐——泉华状褐铁矿;

(9)锡白色——毒砂;

(10)铅灰——辉铜矿、方铅矿;

(11)钢灰——黝铜矿、镜铁矿;

(12)铁黑——磁铁矿;

(13)靛青蓝——铜蓝;

(14)铜红色——自然铜;

(15)铜黄色——黄铜矿;

(16)金黄色——金。

4.矿物的自色(由矿物本身的内在因素所引起)

(1)方铅矿(PbS)——铅灰色;

(2)黄铁矿(FeS_2)——淡(浅)铜黄色;

(3)石墨(C)——铁黑到钢灰色。

5.矿物的他色(由杂质所引起)

(1)紫水晶——紫色(含 Mn 所引起);

（2）烟水晶——茶色或黑色（含 C 所引起）；

（3）蔷薇水晶——玫瑰色（含 Ti 所引起）；

6. 矿物的假色（由外在因素所引起）

（1）斑铜矿——锖色；

（2）云母、方解石或重晶石——晕色。

（三）矿物的条痕

条痕是指矿物粉末的颜色，它随化学成分的变化而变化。和矿物表面颜色比较，条痕比较固定，具有鉴定上的意义。

1. 矿物的条痕与透明度、光泽的相互关系（见表 1-1）

条痕为无色或白色者，为透明矿物，多数属玻璃光泽，少部分属金刚光泽；条痕为黑色者，为不透明矿物，多数属金属光泽，少部分属半金属光泽；条痕为彩色（浅彩或深彩色）者，多数为半透明矿物，属金刚或半金属光泽。所以正确观察条痕的颜色对于判断矿物的光泽及透明度均会有所帮助。

表 1-1　矿物的颜色、条痕、透明度及光泽之间的关系

颜色	无色	浅色	彩色	黑色或金属色
条痕	无色或白色	无色或浅色	浅色或深色	黑色或金属色
透明度	透明	半透明		不透明
光泽	玻璃——金刚		半金属	金属

2. 测试矿物条痕时注意事项

（1）粉末愈细，则条痕颜色愈准确。试条痕时不可用力过猛，否则会压碎矿物而得不到矿物的粉末；

（2）不透明的或半透明的矿物具有深色或粉末细痕，因此，条痕对于鉴定不透明矿物最有意义；

（3）试条痕时应注意欲试矿物是否有包裹物，表面是否风化或受污染，如有上述物质混杂，不会得到真正的条痕色；

(4)矿物硬度高于条痕板时,可将矿物碾成粉末,然后观察粉末色(粉末色即条痕色)。

3. 观察下列矿物的条痕色

(1)磁铁矿——黑色;

(2)赤铁矿——樱红色;

(3)黄铁矿——带绿色的黑色(绿黑色);

(4)方铅矿——灰黑色。

(四)矿物的光泽

矿物的光泽决定于矿物的新鲜表面反光的强弱,又随光源强弱,矿物表面性质——颜色、透明度,集合体形态等影响而变化。

1. 鉴定矿物光泽的注意事项

(1)鉴别光泽时应以新鲜面为标准,要估计到矿物表面被污染或受风化的影响;

(2)有的矿物以断口面的光泽为鉴定特征,因此应该一并观察断口面的光泽。

2. 矿物的光泽可分为

(1)金属光泽——黄铁矿;

(2)半金属光泽——磁铁矿;

(3)金刚光泽——闪锌矿;

(4)玻璃光泽——石英(晶面);

(5)油脂光泽——石英(断口面)、脉石英;

(6)松脂光泽——锡石(断口面);

(7)蜡状光泽——蛇纹石;

(8)丝绢光泽——蛇纹石、石棉;

(9)珍珠光泽——云母(解理面)。

(五)矿物的透明度

矿物的透明度是相对的,通常观察矿物碎块边缘,隔之可清晰见到对面的影像则为透明;模糊为半透明;看不见的为不透明。

鉴别时必须考虑到杂质、裂隙、包裹物、颜色、集合体、表面风化程度等的影响。

观察下列矿物的透明度:

(1)透明——冰洲石、水晶;

(2)半透明——辰砂;

(3)不透明——磁铁矿、黄铁矿。

矿物的颜色、条痕、光泽和透明度,属矿物的光学性质。

(六)矿物的力学性质

1. 硬度

硬度为矿物的主要鉴定特征之一,它决定于矿物的成分和构造,具异向性。

(1)硬度的确定,一般用摩氏硬度计通过刻划矿物比较确定。常用指甲(硬度2.5),小刀(硬度5.5),石英(硬度7)来刻划对比。

(2)注意事项:

①测试硬度时应选择新鲜晶面,刻划用力要缓而均匀;

②要区别刻痕(被刻划的痕迹)和粉痕(较软矿物在较硬矿物之上的痕迹),这直接关系到硬度结果的正确性;

③集合体、隐晶质、细粒分散矿物表现为虚假硬度。

2. 解理

解理是矿物最稳定的属性,为矿物鉴定特征之一。

(1)根据产生解理面的完全程度,解理分为五级:

①极完全解理:易裂成薄层,解理面极光滑,不见断口,如云母;

②完全解理:常因解理劈开成小而规则的碎块,解理面平滑,难见断口,如方解石、方铅矿;

③中等解理:解理面不大平滑,可见断口(不平坦),如辉石类;

④不完全解理:只有在矿物碎块上才找得到解理面,较粗糙,常有不平坦断口,如磷灰石、锡石、自然硫等;

⑤极不完全解理:很难见到解理,贝壳状断口发育,如石英、刚玉、磁铁矿等。

(2)解理的等级可借助下列途径确定:

①参考断口情况;

②熟悉代表性矿物的解理等级与之对比;

③参考解理面性质(如光滑程度);

④是否具一系列互相平行的薄层阶梯。

3.断口

贝壳状断口——石英;

参差状断口——磷灰石;

锯齿状断口——自然铜。

4.韧性

(1)脆性:锤击易碎,以小刀刻划时出现粉末,如黄铜矿;

(2)延展性:矿物受到拉引、碾压或锤击时,而发生延长、变薄,如自然金、辉铜矿;

(3)弹性:受力产生变形,当力移去则恢复原状,如云母;

(4)挠性:受力产生变形,当力移去仍不能恢复原状,如滑石、绿泥石。

5.比重

矿物的质量与4℃时相同体积的水的质量相比的值,称为矿物的比重(相对密度)。矿物比重可粗略地分为三级:

轻矿物<2.5,如石墨;

中等矿物2.5~4,如方解石;

重矿物>4,如重晶石。

另外,磁性、导电性、发光性也可作为某些矿物的鉴定特征。

矿物观察(一)

——自然元素类矿物和硫化物类矿物——

一、自然元素类(Native Elements)

自然元素矿物是指由一种元素构成的单质和由两种或两种以上金属元素构成的类质同象混晶(miscicrystal)矿物。在自然界构成本大类的元素有20至30余种,分为金属元素类、半金属元素类和非金属元素类,其中多数为自然金属元素及其混晶矿物,同质多象变体也较常见。自然元素矿物在地壳中所占质量比约0.1%,但分布多不均匀,进而使某些矿物如银金矿、自然铂、金刚石、石墨等能以大型甚至超大型矿床产出。

1. 金(Gold)-Au

呈分散粒状或不规则树枝状集合体,偶尔呈较大的块体(俗称"狗头金")。颜色与条痕都是金黄色,金属光泽,不透明,比重大(16~19),硬度小(2.3~3),无解理,有延展性,在空气中不氧化,化学性质稳定,仅溶于王水。一般呈粒状或块状,电和热的良导体,熔点高(1062℃),火烧后不变色。由于 Au 和 Ag 的原子半径相近、晶体结构类型相同、地球化学性质相似,故可形成完全类质同象系列。

鉴定特征:金黄色,强金属光泽,比重大,低硬度,强延展性;化学性稳定,火烧不变色。

2. 银(Silver)-Ag

单体呈立方体或八面体,极少见;集合体呈树枝状、不规则薄片状、粒状和块状。颜色与条痕色均为银白色,表面氧化后具灰黑色被膜,金属光泽,不透明,无解理,硬度2.5~3,具延展性,纯银比重10.1~11.1,热和电的良导体,熔点961℃。多与辉银矿、硫砷银矿、硫锑铜矿,以及含银的黄铁矿、方铅矿、闪锌矿、黄铜矿、辉铜矿及砷化物和锑化物等共生。

鉴定特征:银白色,金属光泽,比重大,低硬度,延展性强。

3. 铜(Copper)-Cu

呈不规则树枝状、片状或致密块状集合体。浅黄铜色、红铜色,但因为氧化的原因,通常自然铜会呈棕黑色或绿色。条痕为铜红色,金属光泽,不透明,断口呈参差状、锯齿状,硬度2.5~3,比重8.4~8.95,性较脆,有延展性,纯铜的导电性和导热性很高,仅次于金、银,熔点高(1083℃)。在含铜硫化物矿床氧化带下部与赤铁矿、孔雀石、辉铜矿等伴生,易氧化成赤铜矿、孔雀石、蓝铜矿等。

鉴定特征:铜红色,棕黑色氧化膜无解理,延展性强,硬度低,比重大。

4. 铋(Bismuth)-Bi

多呈粒状、片状或羽毛状。新鲜断口呈微带浅黄的银白色,在空气中很快变为浅红锖色,灰色条痕,强金属光泽,不透明,完全解理,硬度2~2.5,比重9.7~9.8,具弱延展性,具逆磁性,具导电性。产于高温热液矿床及伟晶岩脉中,与锡石、黑钨矿、辉铋矿、辉钼矿共生。

鉴定特征:浅红锖色、一组完全解理、硬度低、比重大。

5. 硫(Sulfur)-S

常以块状、粒状、土状、粉末状、钟乳状等集合体产出,少见双锥状或厚板状单体,浅黄色,条痕黄白,晶面呈金属至金刚光泽,贝壳状断口呈脂肪光泽,一般不透明或透明,不完全解理,性脆,硬度1~2,比重2,不溶于水但溶于二硫化碳,易熔,易燃并发出蓝色火焰,有硫臭味。

鉴定特征:黄色、油脂光泽、低硬度、性脆、硫臭味、易熔易燃。

6. 金刚石(Diamond)-C

晶体呈八面体、菱形十二面体,常呈圆粒状或碎粒产出,灿烂的金刚光泽,硬度极高(10),无色透明,或因含微量元素而呈其他的不同色调,如含 Cr 呈天蓝色,含 Al 呈黄色等,解理中等至不完全,性脆,比重3.5~3.6,导热性良好。紫外线下发荧光,具高度的抗酸碱性和抗辐射性。

鉴定特征: <u>浑圆粒状,金刚光泽,硬度10,曝晒后置暗室发淡青蓝色磷光。</u>

7. 石墨(Graphite)-C

常为鳞片状、块状或土状集合体,少见片状或板状单体,铁黑色或钢灰色,条痕为灰黑色,一般无光泽(结晶良好的具半金属光泽),不透明,有一组极完整解理,硬度1~2,薄片具有挠性,比重2.1~2.2,染纸污手,有滑感,高导电性,耐高温(熔点高),化学性质稳定,不溶于酸。

鉴定特征: <u>黑色,硬度低,相对密度小,有滑感,染纸污手。将硫酸铜溶液润湿的锌粒放在石墨上可析出金属铜斑点,辉钼矿无此反应。</u>

二、硫化物类(Sulfides)

硫化物矿物是指金属阳离子与硫结合而成的化合物形式的矿物。硫化物矿物的类似化合物是指金属元素与硒、碲、砷、锑、铋等结合而成的硒化物、碲化物、砷化物、锑化物、铋化物矿物。现已发现的该大类矿物已超过350种以上,约占地壳质量的1‰。该大类矿物是工业上有色金属和稀有分散元素矿产的重要来源,也是各类热液矿床中的重要组成矿物,其组合标型和各类特征标型对矿床的成因、规模、剥蚀程度和深部及外围远景有十分重要的指示意义。

8. 辉铜矿(Chalcocite)-Cu_2S

完好晶体少见,一般呈致密块状、粉末状或烟灰状集合体。常为铅灰色,表面可有蓝绿色小斑,条痕黑灰,具金属光泽,不透明,硬度2~3,

矿物实习

比重 5.5~5.8,具弱延展性,导电,常与斑铜矿共生。在地表易分解而转变为自然铜、赤铜矿、蓝铜矿或孔雀石。

鉴定特征: 黑铅灰色,硬度低,弱延展性(用刀尖可以刻出光亮沟痕),与其他铜矿物共生或伴生。

9. 方铅矿(Galena)-PbS

常为六面体(立方体),有时以八面体与立方体聚形出现,集合体为粒状、致密块状。铅灰色,灰黑色条痕,具金属光泽,不透明,三组立方体完全解理,性脆,硬度 2~3,比重 7.4~7.6,具弱导电性和良检波性。

鉴定特征: 铅灰色,强金属光泽,具三组正交的立方体完全解理,硬度小,比重大,可以与其他铅灰色矿物,如辉锑矿、辉钼矿等区别,用硝酸分解产生 $PbSO_4$ 白色沉淀物。

10. 闪锌矿(Sphalerite)-ZnS

晶体呈四面体(极少见),常呈粒状集合体,或块状,少见肾状、葡萄状等胶体形态。常含铁,随着含铁(Fe^{2+})量的增高,颜色变化为无色—浅黄—褐黄—黄褐—棕黑色,条痕由白色到褐色,光泽由油脂光泽到半金属光泽,透明至半透明,有六组完全解理(菱形十二面体解理,多面闪光)。硬度 3.5~4,比重 3.9~4.2,随含 Fe 量的增加而降低,不导电。

鉴定特征: 粒状晶形,条痕比颜色浅,六组完全解理,较小的硬度,可与黑钨矿、锡石等区别,常与方铅矿共生。

11. 辰砂(Cinnabar)-HgS

辰砂又称朱砂、丹砂、赤丹、汞沙,晶形为细小厚板状或菱面体,集合体多呈粒状、致密块体或者粉末被膜。鲜红色,有时表面有铅灰锖色,条痕红色,新鲜面具金刚光泽,半透明,三组解理完全,性脆,硬度 2~2.5,比重 8~8.2。

鉴定特征: 颜色及条痕均为红色,硬度低,比重大,由此可区别于雄黄。

12. 辉锑矿（Stibnite）-Sb_2S_3

晶形常呈斜方柱形、长柱状、针状，柱面上有纵纹，晶体常弯曲，集合体一般为放射状，少数为柱状晶簇。颜色铅灰、钢灰，条痕黑色，晶面常带暗蓝锖色，金属光泽，不透明，解理完全，解理面上常有横的聚片双晶纹，硬度2，比重4.5～4.7，易熔，性脆。

鉴定特征：铅灰色，柱状晶形，柱面上有纵的聚形纹，解理面上有横的聚片双晶纹，完全解理。滴 KOH 现黄色，后变为褐红色。其铅灰色和光泽与方铅矿相似；其柱状晶形与辉铋矿相似。

13. 辉钼矿（Molybdenite）-MoS_2

单晶呈六方板状、片状，多为叶片状或鳞片状集合体，铅灰色，条痕为亮铅灰色，在上釉瓷板上为带微绿的灰黑色，金属光泽，不透明，解理极完全，薄片有挠性，硬度1，比重5，有滑感，染指，易熔。

鉴定特征：铅灰色，极完全解理，可以分离成薄片，能在纸上划出条痕，在涂釉瓷板上的黄绿色条痕，有滑腻感。较大的比重与石墨相区别。

14. 雄黄（Realgar）-As_4S_4（AsS）

单晶体呈细小的柱状、针状，但少见，通常为致密粒状或土状或皮壳状集合体产出。橘红色，条痕稍淡呈浅橘红色，晶面具金刚光泽，断面为树脂光泽，透明—半透明，有一组解理完全，硬度1.5～2，比重3.5，性脆，易熔，用炭火加热，会冒出有大蒜臭味的白烟。置于阳光下暴晒，会变为黄色的雌黄（As_2S_3）和砷华，所以保存应避光以免受风化。加热到一定温度后在空气中叫以被氧化为剧毒成分 As_2O_3，即砒霜。不溶于水和盐酸，可溶于硝酸，溶液呈黄色。

鉴定特征：颜色、条痕、硬度及比重。与辰砂相似，但颜色带黄色调，比重小。

15. 雌黄（Orpiment）-As_2S_3

单晶为板状或短柱状，晶面常弯曲，柱面有纵纹，集合体呈片状、梳状、放射状、块状或土状。柠檬黄色，条痕色为鲜黄色，油脂光泽—金刚光泽,新鲜面(解理面)具珍珠光泽,薄片透明,有一组极完全解理,硬度1.5~2,比重3.5,质脆,易碎,易熔,微有特异蒜臭气。雌黄是典型的低温热液矿物,大多数的雌黄和雄黄一起在低温热液矿床和硫质火山喷气孔产生,所以雌黄是雄黄的共生矿物,有"矿物鸳鸯"的说法。

鉴定特征:以颜色、条痕、解理、挠性、硬度及比重区别于自然硫。

16. 黄铁矿(Pyrite)-FeS_2

晶形常呈完好的立方体、五角十二面体,较少呈八面体,立方体晶面上常有与棱平行的晶面聚形条纹,相邻面的条纹互相垂直,集合体为粒状、致密块状、结核状和草莓状等。浅黄铜色,表面常有黄褐锈色,条痕黑中带绿,强金属光泽,不透明,无解理,断口参差状,硬度6~6.5,比重4.9~5.2,性脆,电的半导体,黄铁矿是制造硫酸和硫黄的主要原料。

鉴定特征:根据完全的晶形和晶面条纹,浅铜黄色,较大的硬度,可与黄铜矿及磁黄铁矿(磁性)相区别。

17. 黄铜矿(Chalcopyrite)-$CuFeS_2$

完全晶形(四方四面体)极少见,常呈分散粒状,致密块状集合体。黄铜色,表面常见暗黄、蓝、紫、褐色等斑杂锈色,条痕黑中带绿(绿黑色),金属光泽,不透明,无解理,断口参差状,硬度3~4,比重4.2,性脆,能导电。

鉴定特征:黄铜矿与无晶形的黄铁矿,可根据黄铜矿新鲜面颜色更黄和较低的硬度来区别。以其绿黑色条痕、脆性及溶于硝酸易区别自然金。

18. 斑铜矿(Bornite)-Cu_5FeS_4

单晶为立方体或立方体与八面体的聚形,常为致密块状、不规则粒状集合体,古铜红色,新鲜面呈暗铜红色,在不新鲜面常被蓝、紫斑状锈色所覆盖,条痕灰黑色,金属光泽,不透明,无解理,硬度3,比重4.9~5.3,性脆,具有导电性。

鉴定特征:特有的暗铜红色和蓝紫斑杂状锈色,低硬度,溶于硝酸。

19. 毒砂(Arsenopyrite)-FeAsS

也称砷黄铁矿,是一种铁的硫砷化物矿物,常与锡石、钨锰铁矿、辉钼矿、方铅矿和辉铋矿等共生。晶形呈柱状,发育有平行于柱向晶面条纹,集合体为粒状或致密块状,锡白色至钢灰色,表面常有浅黄锖色,条痕灰黑,金属光泽,不透明,有一组不完全解理,硬度5.5~6,比重6~6.2,以锤击之,有蒜臭气味,灼烧具磁性。

鉴定特征:锡白色,锤击发蒜臭气味,条痕灰黑;粉末加HNO_3研磨再加钼酸铵产生鲜黄绿色砷钼酸铵沉淀可与白铁矿相区别。

20. 铜蓝(Covellite)-CuS($Cu_2S \cdot CuS_2$)

单晶板状、片状,少见,多以粉末状或被膜状集合体出现,靛青蓝色,灰黑色条痕,金属光泽,不透明,发育一组完全解理,硬度1.5~2,比重4.6。主要见于铜的次生富集带,与辉铜矿共生,在氧化带常分解为孔雀石。

鉴定特征:靛青蓝色,低硬度。呵气后变紫色。

21. 黝铜矿-砷黝铜矿(Tetrahedrite-Tennantite)-$Cu_{12}[Sb_4S_{13}]$-$Cu_{12}[As_4S_{13}]$

黝铜矿-砷黝铜矿为完全类质同象系列。晶体呈四面体状,集合体常呈致密块状和粒状。颜色与条痕均为钢灰至铁黑色,但砷黝铜矿条痕微带樱红色,金属—半金属光泽,不透明,无解理,硬度3~4.5(砷黝铜矿较黝铜矿大),比重4.6(砷黝铜矿)~5.1(黝铜矿),性脆,具弱导电性。

鉴定特征:颜色、条痕、脆性和铜的焰色反应。

矿物观察(二)

——氧化物、氢氧化物和卤化物——

三、氧化物及氢氧化物(Oxides and Hydroxides)

本大类矿物是指金属阳离子与 O^{2-} 和 $(OH)^-$ 结合而成的化合物。目前已发现该大类矿物300余种,其中氧化物200余种,氢氧化物80余种。按所占地壳质量的百分比计算,该大类仅次于含氧盐,高达17%,而石英族就占12.6%,铁的氧化物和氢氧化物占3.9%。

22. 刚玉(Corundum)-Al_2O_3

晶体一般为六方柱状,短桶状,锥状,板状,晶面有斜横纹。颜色多为蓝灰,黑灰,黄灰,含 Cr 者为刚玉的红色变种——红宝石,含 Fe 或 Ti 者为刚玉的蓝色及其他颜色的变种——蓝宝石。玻璃光泽,无解理,硬度9,比重4~4.1,熔点2000℃~2030℃。

鉴定特征: 晶形、双晶纹、高硬度及因聚片双晶或细微包裹体产生裂开。

23. 赤铁矿(Hematite)-Fe_2O_3

具菱面体和板状晶体(少见),集合体常呈致密块状,胶状者常呈鲕状、豆状和肾状,呈片状晶形者称为镜铁矿。颜色暗红或铁黑至钢灰色,条痕樱红或红棕色,金属光泽(如镜铁矿)至半金属光泽,或土状光泽不透明,硬度可达6度,隐晶质者硬度小于小刀,变化范围为5~6,无解理,比重5.0~5.3。

镜铁矿,赤铁矿变种、与石英伴生,钢灰色,光亮如镜,多为板状、片状或鳞片状,或为细粒状。

一般镜铁矿以接触变质热液作用为主,鲕状、豆状和肾状赤铁矿是沉积作用的产物。

鉴定特征：条痕为樱红或红棕色。

24. 锡石（Cassiterite）-SnO_2

晶体常呈四方双锥和正方柱的聚形，一般为块状（结晶完好的不多见）或粒状。常见褐色或棕黑色，条痕白色至淡黄色，金刚光泽，贝壳状断口呈油脂光泽，半透明至不透明。硬度 6 ~ 7，解理不完全，比重 6.8 ~ 7.1，性脆，不溶于酸，化学性质稳定。

鉴定特征：比重大是锡石区别于金红石、锆石和磷钇矿的主要特征。细粒者置于锌片上加 HCl，数分钟后表面形成一层锡白色金属锡膜，其相似矿物均无此反应。

25. 软锰矿（Pyrolusite）-MnO_2

晶形少见，常为肾状、结核状、块状、土状、粉末状集合体，有时具有放射纤维状形态。有趣的是有些软锰矿还呈现出一种树枝状附于岩石面上，称假化石。钢灰至黑色，表面常带浅蓝色的锖色，条痕黑褐，半金属光泽至土状光泽，隐晶质胶粉末状者则光泽暗淡，不透明。硬度 2 ~ 6，视结晶粗细程度而异，显晶质者可达 6，而隐晶质的块体则降至 2（多污手），解理完全，比重 4.5 ~ 5.0。

硬锰矿（Psilomelane）为含水氧化锰组成，成分较复杂，多为肾状，乳状或块状，暗钢灰色至黑色；条痕褐至黑色；半金属至土状光泽。硬度 4 ~ 6，性脆，比重约 4.7。

鉴定特征：黑色，条痕黑色，性脆，粗晶见完全的柱面解理，隐晶质者硬度低而易污手。滴 H_2O_2 剧烈起泡。

26. 石英（Quartz）-SiO_2

α 石英最常见，是低温变种，属三方晶系，正光性，晶体形态为六方柱及两种菱面体的聚形，呈长柱状，柱面有横纹；β 石英为高温变种，属六方晶系，负光性，晶体形态为六方双锥，柱面很短或缺失，故显短柱状;常压下两变体的转变温度为573℃。

α石英物理性质:常为无色、乳白色、灰色,含杂质者呈黑、紫、绿、粉红等色,玻璃光泽,断口油脂光泽,硬度7,无解理,断口呈贝壳状,比重2.5~2.7,具压电性。

晶质石英按颜色变化,分以下异种:无色透明者称水晶(Rock crystal);紫色透明或者半透明者称紫水晶(Amethyst);浅玫瑰色半透明者称蔷薇石英(Rose quartz);烟色或褐色透明者称烟水晶(Smoky quartz);黑色半透明者称墨晶(Black quartz);金黄色或柠檬黄色者称黄水晶(Yellow quartz)。

石英用途很广,可做玻璃原材料,制作石英器皿;颜色鲜艳和纯净无缺陷的水晶可做宝石和光学材料;具压电性的晶体可用做无线电通讯器材。

石英广泛分布于三大类岩石中。除此之外,自然界中石英类矿物还包括:鳞石英、方石英、柯石英、斯石英(又称超石英)等。

鉴定特征:根据形态、硬度、无解理、贝壳状断口、光泽、不易风化等与长石、方解石等矿物相区别。

隐晶质的二氧化硅,有玉髓、玛瑙、燧石、碧玉等,成分由纯净至含有各种杂质,故颜色多种多样,但硬度仍在7上下。比如含阳起石包裹体而呈浅绿色的葱绿玉髓;含云母、赤铁矿等细小包裹体而呈浅黄或褐红色的砂金石;交代纤维石棉呈不同色调、具丝绢光泽的猫眼石、虎眼石(黄褐色)、鹰眼石(蓝绿色);呈红、黄褐、绿色不透明的致密块体的碧玉等。

非晶质二氧化硅主要为蛋白石($SiO_2 \cdot nH_2O$),它是含水的非晶质氧化硅,常呈肉冻状、钟乳状、皮壳状等。蛋白色,含杂质呈不同颜色,玻璃光泽或蛋白光泽,微透明,硬度5~5.5,比重1.9~2.3,优质者俗称"欧泊",可作为宝玉石材料。

27. 磁铁矿(Magnetite)-$FeO \cdot Fe_2O_3$

完好晶体形常呈八面体、菱形十二面体,通常为块状或粒状集合体。颜色铁黑,条痕黑色,半金属光泽,不透明,硬度 5.5～6,比重 4.9～5.2,无解理,具强磁性。含有钒及钛者,称钒钛磁铁矿,为冶炼钒和钛的原料。

*鉴定特征:*八面体晶形,根据颜色、条痕及强磁性与赤铁矿区别。

28. 铬铁矿(Chromite)-$FeO \cdot Cr_2O_3$

常呈粒状或块状,黑色至褐黑色,条痕浅褐色,半金属光泽,不透明,硬度 5.5～6,无解理,性脆,比重 4.3～4.8,具微磁性,含铁高者磁性较强。

*鉴定特征:*暗褐色、条痕浅褐色、具弱磁性、高硬度,常产于超基性岩。

29. 尖晶石(Spinel)-$MgAl_2O_4$

常呈八面体,八面体与菱形十二面体的聚形,可见尖晶石律接触双晶。无色者少见,通常呈红色(Cr 含量少于 15%),绿色(含少量 Fe^{3+})或褐黑色(含 Fe^{2+} 和 Fe^{3+}),玻璃光泽,硬度 8,无解理,比重 3.5。形成于岩浆作用、变质作用和高温热液作用。

*鉴定特征:*八面体晶形、尖晶石律双晶、无解理、高硬度。

30. 褐铁矿(Limonite)-$(Fe_2O_3 \cdot 3H_2O)$ 或 $(FeO(OH) \cdot nH_2O)$

通常为致密块状,肾状,鲕状,肾状,葡萄状,钟乳状、土块状、粉末状集合体。颜色多为黑褐色,土状,结核状及皮壳状者多为褐黄,但条痕均为褐黄色,并常呈黄铁矿、磁铁矿、菱铁矿等的假象,硬度 1～4,比重 2.7～4.3。

*鉴定特征:*根据形态、颜色、条痕可与赤铁矿、磁铁矿、软锰矿等区别。

31. 铝土矿(Bauxite)-$Al_2O_3 \cdot nH_2O$

铝土矿是提炼铝的主要矿石,它的主要成分是三水铝石、软水铝石和硬水铝石。一般都含有钾和其他杂质,故颜色多种多样,但均为浅色,光泽暗淡,或呈土状,硬度 3,比重 3,视杂质多少而变化,湿后具可塑性,略有滑感,有的呈鲕状或豆状结构。

其中,三水铝石(Gibbsite),一般划为氢氧化物类,其分子式为 $Al(OH)_3$,或 $Al_2O_3 \cdot 3H_2O$。假六方片状,常成结核状、豆状集合体或隐晶质块体。白色,常带灰、绿和褐色,条痕白色,玻璃光泽,解理面呈珍珠光泽,集合体和隐晶质者暗淡,透明至半透明,硬度 $2.5 \sim 3.5$,解理极完全,性脆,比重 $2.3 \sim 3.4$。

鉴定特征: *颜色浅色但多变,条痕白色,硬度低,土状光泽,湿后具有可塑性,略有滑感。*

32. 钨锰铁矿(黑钨矿)(Wolframite)-([Fe,Mn]WO₄)

板状晶体(晶面上可能有直立线纹),偶见针状或毛发状晶体,常见板状、柱状集合体。红褐(钨锰矿)至铁黑色(钨铁矿),条痕黄褐(钨锰矿)至褐黑色(钨铁矿),金属或半金属光泽,不透明,硬度 $4 \sim 4.5$,比重大 7.1,解理完全,钨铁矿具弱磁性,产于伟晶花岗岩及石英脉中。

鉴定特征: *板状、褐黑色,一组完全解理,比重大。*

四、卤化物(Halides)

本大类矿物为卤素阴离子与金属阳离子结合而成的化合物,有 100 余种。其中以氟化物(Fluorides)和氯化物(Chlorides)矿物为主,溴化物(Bromides)和碘化物(Iodides)矿物极少见。

33. 氟石(萤石)(Fluorite)-CaF₂

晶体常为立方体、六面体、八面体,或呈穿插双晶,可见解理明显的致密块体,或不规则粒状集合体。颜色为无色(少见),但当含杂质时为浅紫、浅绿、黄、蓝等色,加热可褪色,条痕白色,玻璃光泽,透明至半透明,硬度 4,比重 3.1,四组八面体完全解理,性脆,熔点 $1270℃ \sim 1350℃$。具荧光性,加热发蓝紫色荧光,某些变种具磷光性。

鉴定特征: *根据晶形、颜色、解理、硬度可与方解石、重晶石、石英等区别,另具荧光性。*

34. 石盐(Halite)-NaCl

晶体为六面体(立方体),偶呈完好的八面体,集合体呈粒状、致密块状或疏松盐华状。无色或呈浅灰色,条痕白色,玻璃光泽,风化面油脂光泽,结晶体多透明,硬度 2~2.5,比重 2 左右(石盐 >2,钾盐 <2),解理完全,性脆,易溶于水,味咸,烧之现黄色火焰,熔点 804℃。

鉴定特征:解理完全、低硬度、易溶于水,味咸(钾盐味苦咸而涩)。

矿物观察（三）

——硅酸盐类——

五、硅酸盐类（Silicates）

硅酸盐矿物是由多种形式的硅酸根和金属阳离子结合而成的化合物。在自然界分布极广，是构成地壳、上地幔的主要矿物，估计占整个地壳的90%以上；在石陨石和月岩中的含量也很丰富。已知的约有800个矿物种，约占矿物种总数的1/4。许多硅酸盐矿物如石棉、云母、滑石、高岭石、蒙脱石、沸石等是重要的非金属矿物原料和材料。在宝玉石界，很多珍贵的宝石矿物，如橄榄石、石榴子石、祖母绿和海蓝宝石（绿柱石）、碧玺（电气气）、翡翠（翠绿色硬玉）、软玉（透闪石、阳起石）、岫玉（蛇纹石）、南阳玉（黝帘石、斜长石）等都是硅酸盐矿物或其集合体。

35. 锆石（Zircon）-$ZrSiO_4$

又称锆英石，是地球上形成最古老的矿物之一。因其稳定性好，而成为同位素地质年代学最重要的定年矿物，已测定出的最老的锆石形成于43亿年以前。常成小正方柱及正方双锥的聚形，无色或黄、褐紫、蓝、绿、灰等色，以白色透明居多，条痕无，强玻璃光泽至金刚光泽，断口油脂光泽，透明至半透明，大部分在荧光灯下发黄光，硬度7～8，无解理，不平坦或贝壳状断口，性脆，比重4.4～4.8，耐高温。

鉴定特征：晶形、大硬度、金刚光泽。

36. 橄榄石类（Olivine）

橄榄石类为二价元素的正硅酸盐，具典型的孤立四面体构造，化学

式为 $R_2(SiO_4)$，$R = Mg，Fe，Mn，Ca，Zn$ 等。可分为三个类质同象系列，自然界分布最广的镁橄榄石 $Mg_2[SiO_4]$ —铁橄榄石 $Fe_2[SiO_4]$ 连续类质同象系列，按其中镁橄榄石分子(Fo)及铁橄榄石(Fa)的含量，可划分为下列种属(表1-2)。

表1-2 橄榄石类中镁橄榄石分子(Fo)及铁橄榄石(Fa)的含量对比表

种属	Fo(%)	Fa(%)
镁橄榄石(Forsterite)	0～100	0～10
贵橄榄石(Chrysolite)	70～90	10～30
透铁橄榄石(Hyalosiderite)	50～70	30～50
镁铁橄榄石(Hortonolite)	30～50	50～70
富铁镁铁橄榄石(Ferrohortonolite)	10～30	70～90
铁橄榄石(Fayalite)	0～10	90～100

橄榄石晶体呈厚板状、粒状、短柱状。颜色为橄榄绿、浅黄绿色、浅绿色，随铁含量加大而变深，变为绿色、墨绿色，比重也随之增高(3.2～4.4)。透明至半透明，玻璃光泽，硬度6.5～7，不完全解理，常见贝壳状断口。本类属硅酸盐不饱和矿物，为超基性及基性岩的重要造岩矿物，不与石英共生。

鉴定特征：根据其粒状外形及特殊的绿色、解理差、贝壳状断口及光泽(油脂光泽)来识别。

37. 黄玉(Topaz)-$Al_2[SiO_4][F，OH]_2$

柱状晶体，柱面有直立线纹(纵纹)，集合体呈不规则的粒状或块状。浅黄色，各种浅色(浅酒黄色、粉红色、浅绿色、浅蓝色等)及无色，或透明玻璃光泽，硬度8，能刻石英，比重3.5～3.6，完全解理，为伟晶花岗岩脉及气成矿脉中的典型矿物，与石英、电气石、磷灰石、萤石、锂云母、锡石等共生。

鉴定特征：柱状、菱形横断面、柱面上有纵纹，解理完全，硬度8。

38. 石榴子石(Garnet)($R'_3R''_2[SiO_4]_3$,其中 $R' = Ca^{2+}$,Mg^{2+},Fe^{2+},Mn^{2+};$R'' = Al^{3+}$,Fe^{3+},Cr^{3+},Ti^{3+})

石榴子石成分复杂,二价金属阳离子之间和三价金属阳离子之间存在广泛的类质同象置换,形成类质同象系列。大体可分为铝质石榴子石和钙质石榴子石两大系列。这两大系列中,同一系列范围内可以形成连续的类质同象置换。

表 1-3 石榴子石族矿物化学成分、主要物理性质及成因产状

系列	矿物名称	英文名	化学式	颜色	硬度	比重
铝质石榴子石	镁铝榴石	Pyrope	$Mg_3Al_2[SiO_4]_3$	紫红、玫瑰红	7.5	3.6
	铁铝榴石	Almandite	$Fe_3Al_2[SiO_4]_3$	褐红、棕红	7~7.5	4.3
	锰铝榴石	Spessartite	$Mn_3Al_2[SiO_4]_3$	深红、橘红、褐	7~7.5	4.2
钙质石榴子石	钙铝榴石	Grossularite	$Ca_3Al_2[SiO_4]_3$	红褐、黄褐、黄绿	6.5~7	3.6
	钙铁榴石	Andradite	$Ca_3Fe_2[SiO_4]_3$	黄绿、褐黑	7	3.9
	钙铬榴石	Uvarovite	$Ca_3Cr_2[SiO_4]_3$	鲜绿	7.5	3.9
	钙钒榴石	Goldmanite	$Ca_3V_2[SiO_4]_3$	翠绿、暗绿、棕绿	6.5	3.7
	钙锆榴石	Kimzeyite	$Ca_3Zr_2[SiO_4]_3$	暗棕	7.3	4

最常见的为钙铁石榴子石 $Ca_3Fe_2[SiO_4]_3$,深褐至黑色,铁铝石榴子石 $Fe_3Al_2[SiO_4]_3$,红褐色。玻璃光泽,断口油脂光泽,硬度 7 左右,无解理,比重较大(3.9~4.3),大部分发育成良好的菱形十二面体(切面呈六边形),四角三八面体(切面呈八边形)及其两者的聚形,石榴子石系列颜色变化很大,主要有深红、深褐、黑色、黄、绿、玫瑰色及红褐色。钙铁石榴子石为石灰岩接触带中常见的产物,铁铝石榴子石常见于变质岩(片岩)中,有时见于河沙中,成石榴子沙。

鉴定特征:晶形,断口油脂光泽,高硬度、无解理,可与其他矿物区别。

39. 红柱石(Andalusite)-$Al_2[SiO_4]O$ 或 $Al_2O_3 \cdot SiO_2$

常呈放射状,故俗称菊花石,集合体另有粒状。其分子结构中的 Al

可以被部分的 Fe、Mn 代替,Si 也可被少量的 Ti 代替;有时可含碳质,并且排列成黑十字状(横断面),称之为空晶石。灰色、黄色、绿色、褐色、紫色、红色或微带浅红色,透明至半透明,玻璃光泽硬度为 6.5 ~ 7.5,比重 3.1 ~ 3.2,解理。

鉴定特征:<u>灰色、肉红色,柱状,近正方形横截面,两组中等解理。空晶石具独特的炭质包裹十字形。</u>

40. 十字石(Staurolite)-$(Fe,Mg)_2Al_9(Si,Al)_4O_{20}(O,OH)_4$

斜方柱状或粒状,横切面为六边形,常成十字双晶,黄棕、红棕色、黑褐色,玻璃光泽,风化后呈土状光泽,硬度 7 ~ 7.5,比重 3.7 ~ 3.8,解理中等。常具贯穿双晶,双晶面呈十字形或斜十字形,为变质岩中的产物,在砂岩等沉积岩中分布较广的碎屑矿物。

鉴定特征:<u>短柱状、菱形横断面、十字双晶、深褐或红褐色、硬度大。</u>

41. 绿柱石(Beryl)-$Be_3Al_2Si_6O_{18}$

晶体呈完整的六方柱状,柱面有直立条纹,横切面呈六边形,偶有不规则粒状。颜色多变,有绿色、蓝色、黄绿色、金黄色、玫瑰红色及白色或无色透明等,含铬的变种称为纯绿宝石[祖母绿(Emeralds)],深草绿色;海蓝色的绿柱石为海蓝宝石(Aquamarine),其颜色可能由于含钪(Sc)引起的;金黄色的绿柱石称为金绿柱石(Goldem beryl),颜色可能与痕量铀有关;含铯的变种称铯绿柱石(Morganite),呈玫瑰红色。玻璃光泽,透明至半透明,硬度 7.5 ~ 8,比重 2.6 ~ 2.9,解理不完全,为气成矿脉中的典型矿物。

鉴定特征:<u>晶形、硬度、解理不发育。</u>

42. 电气石(Tourmaline)-$NaR_3Al_6[Si_6O_{18}][BO_3]_3(OH,F)_4$,

$R = Mg^{2+}, Fe^{2+}, Mn^{2+}, Li^+, Al^{3+}, Gr^{3+}, Fe^{3+}$

俗称碧玺、碧茜,晶体为六方柱和三方柱或其聚形,呈短-长柱状,柱面有纵条纹,横剖面近似球面三角形,常成良好结晶,集合体呈放射状、柱状、针状，或分散于岩石中。颜色随成分而异，含铁多色愈深，含锂多时，颜色变淡，主要有黑色、蔷薇色及各种颜色（同一晶体可有多种颜色），玻璃或带树脂状光泽，硬度 7 ~ 7.5，无解理，比重 2.9 ~ 3.2，含铁愈多，比重越大，具热电性及压电性。主要产于伟晶岩、云英岩和花岗岩中，变质石灰岩之中也常见，其他如沉积岩或片岩也可见。

鉴定特征：柱状、柱面纵纹、球面三角形横断面、无解理、高硬度。

43. 硅灰石（Wollastonite）-$CaSiO_3$

柱状、纤维状、放射状集合体，有时成板状、叶片状，横切面近于长方形。白色，微灰或微红，玻璃光泽，解理面可见珍珠光泽，硬度 4.5 ~ 5，解理完全，比重 2.8 ~ 3.1，熔点 1540℃。石灰岩接触带的典型变质矿物，常与符山石、石榴石共生。

鉴定特征：形态、颜色、共生矿物。

44. 普通辉石（Augite）-$(Ca，Na)(Mg，Fe，Al，Ti)(Si，Al)_2O_6$

化学成分变化范围很宽，可视为 $CaMgSi_2O_6$，$MgSiO_3$，$FeSiO_3$，$MgAl_2SiO_6$，$FeAl_2SiO_6$，$Mg Fe_2SiO_6$，$Fe^{+2}Fe_2^{+3}SiO_6$ 等组分的类质同象混合物，成分中含杂质 TiO_2，经常含有少量的 Mn 和 Na，有时还含 Cr。

短柱状晶体，横剖面近似方形或八面形，柱面相交近于直角，在集合体中通常呈半自形至他形粒状。黑绿至黑色，无色至浅褐色条痕，玻璃光泽（风化面无光泽），硬度 5.5 ~ 6，比重 3.2 ~ 3.6，柱面解理清楚，解理完全，两组解理夹角87°与93°，近似于直角，为基性岩石重要的有色造岩矿物。

在岩浆岩最常见，主要是见于基性岩及超基性岩类中，在某些中性、酸性岩及正长岩中有时也可出现，另偶见某些结晶片岩中。

鉴定特征：根据短柱状晶形，颜色和解理，可与普通角闪石等相似矿物相区别。

45. 阳起石（Actinolite）-$Ca_2(Mg，Fe)_5[Si_4O_{11}]_2[OH]_2$

Mg 和 Fe 为完全类质同象替代系列晶体常沿 c 轴延伸为长柱状、

针状,集合体呈放射状和纤维状,断面呈菱形。浅绿至深绿色、黄褐色,玻璃光泽,硬度 $5.5 \sim 6$,解理完全,解理夹角为 $56°$,比重 $3.1 \sim 3.3$。为变质带的典型矿物,见于片麻岩、千枚岩,与滑石、石棉、蛇纹石等其他矿物共生。

青石棉——阳起石的纤维状变种,丝绢光泽,青或绿色。

鉴定特征:<u>颜色、形态及解理。</u>

46. 普通角闪石(Hornblende)-$Ca_2Na(Mg,Fe^{2+})_4(Al,Fe^{3+})$

$[(Si,Al)_4O_{11}]_2(OH)_2)$

是闪石矿物中的一大类,它并不是指一种矿物,如镁钙闪石、浅闪石、韭闪石等。可能会含有少量的 Ti,Cr,V 等。

晶体呈沿 c 轴延长的长柱状至针状,横剖面近似菱形或六面形,偶尔也见到短柱状和纤维状。黑绿色至黑色或暗褐色,无色或白色条痕,柱面玻璃光泽(风化面无光泽),硬度 $5.5 \sim 6$,比重 $3.1 \sim 3.3$,解理完全,夹角相交为 $56°$、$124°$。为酸性及中性岩浆岩中的重要有色造岩矿物。

分布极广,三大类岩石中都有产出。在中、酸性岩浆岩及其脉岩、角闪岩类、角闪斜长片麻岩等变质岩中大量出现,也可见于火山碎屑岩及沉积碎屑岩中。

鉴定特征:<u>根椐晶形、横截面形状、颜色、解理及其夹角,可与普通辉石相区别。</u>

47. 绿帘石(Epidote)-$Ca_2Al_2(Fe^{3+},Al)(SiO_4)(Si_2O_7)O(OH)$

柱状或板状晶体,晶面延长向有深条纹,有时呈针状、纤维状晶簇,粒状集合体。具有特有的黄绿或黑绿色,也可呈灰、黄、绿褐、黑等色,条痕色不明显至灰色,玻璃光泽,透明至半透明,硬度 $6 \sim 7$,比重 $3.4 \sim 3.5$,单向解理完全。为接触带的变质矿物或风化带的次生矿物,旋转时,半透明的绿帘石棱镜呈现出强烈的二色性,即在一个方向上,颜色为深绿,而另一个方向是棕色。

鉴定特征: 以柱状、具晶面纵纹、黄绿色、一组完全解理可与相似的橄榄石及角闪石相区别。

48. 滑石(Talc)-$Mg_3[Si_4O_{10}][OH]_2$

板状、叶片状、鳞片状或致密块状集合体(后者称皂石)。白色或其它浅色(如:浅绿、淡黄、淡红等),玻璃光泽,解理面珍珠或脂肪光泽和晕彩,硬度1,比重2.6~2.8,解理极完全,解理薄片有挠性,致密块状者为贝壳断口,具滑腻感和良好润滑性能。滑石为变质矿物。

鉴定特征: 低硬度,滑腻感,片状滑石具极完全解理可与块状蛇纹石等区别。

49. 云母族及其类似矿物

云母是一类分布广泛的造岩矿物,其化学成分变化较大,可用以下通式表示:$R^{1+}(R_3^{2+},R_2^{3+})[AlSi_3O_{10}](OH)_2$ 其中 R^{1+} = K(少数情况下为 Na),R^{2+} = Mg、Fe^{2+}、Mn^{2+} 或 Li,R^{3+} = Al^{+3},部分为 Fe^{3+}、Mn^{3+}、Cr^{3+} 或 V^{3+},OH^{-1} 可被 F^{-1} 所置换。云母具典型的层状构造,硅氧四面体中的硅有四分之一被 Al^{3+} 置换,硅氧四面体和铝氧四面体形成六方网层,在两个六方网层之间夹有一层氢氧镁石层或水铝石层,构成三层装填,在装填与装填之间以一份阳离子 K 或 Na 彼此连接。云母属单斜晶系,常呈假六方形柱状或板状,在岩石中一般为鳞片状或片状集合体。解理极完全,可裂成平滑完整薄片,有弹性和挠性,双晶常见,为云母律双晶。

(1)金云母(Phlogopite)-$KMg_3[AlSi_3O_{10}][OH,F]_2$

假六方板状或锥状短柱状,集合体成板状、片状、鳞片状。金黄褐色、浅黄褐色或红褐色,有时为无色或银白色,玻璃光泽,极完全解理,解理面呈珍珠光泽,硬度2.5,比重2.7~2.8。金云母为金伯利岩的特征矿物,也产于橄榄岩、蛇纹岩、白榴玄武岩及辉长岩中,也是石灰岩、白云岩接触变质带中的矿物。

鉴定特征: 颜色及一组极完全解理。

（2）黑云母（Biotite）-$K(Mg, Fe^{+2})_3[(Al, Fe^{+3})Si_3O_{10}][OH, F]_2$

假六方板状或锥状短柱状,集合体成板状、片状、鳞片状。黑色、黑绿、黑褐等色,富含铁质的云母,玻璃光泽,极完全解理,解理面上呈珍珠光泽,硬度2~3,比重3.0~3.1。黑云母广泛分布于三大类岩石中,尤其见于酸性及中性的深成岩或喷出岩中,或见于各种变质岩中,容易风化,变成金黄色。受热液作用可蚀变为绿泥石、白云母和绢云母等,受风化作用易分解为水黑云母、蛭石、高岭石等。

鉴定特征:根据颜色及易裂成薄片(一组极完全解理)且薄片具弹性。

（3）白云母（Muscovite）-$KAl_2[AlSi_3O_{10}][OH, F]_2$

形态特征同黑云母,一般为无色透明,因含不同杂质有不同的色调,含铬或铁时带绿色,含Fe^{3+}、Ti时呈红色。玻璃光泽,一组极完全解理,解理面显珍珠光泽,硬度2.5~3.0,比重2.8~3.1。白云母为酸性、中性深成岩及伟晶花岗岩、云英岩及变质岩中的主要矿物,不见于喷出岩中,具有良好的绝缘性。

鉴定特征:根据易裂成薄片(一组极完全解理)和薄片具弹性及较浅的颜色,可与其他矿物相区别。呈细小鳞片状集合体的白云母称为绢云母。

（4）绢云母（Sericite）——白云母的变种,鳞片状,丝绢光泽。由长石等变化产生的次生矿物,见于变质岩(如结晶片岩)中。

（5）蛭石（Vermiculite）——水金云母,成分不定,黄褐、金黄、黑绿色,油脂或珍珠光泽,解理完全,薄片柔软无弹性,硬度1~1.5,比重2.4~2.7。加热具膨胀性,似蠕虫扭曲。膨胀后,体积增大15~40倍,比重减少到10.6~0.9。主要是由黑云母或金云母经热液蚀变或风化而成,基性岩受酸性岩浆热变质也可形成。

50. 绿泥石（Chlorite）-$R_6[(Si, Al)_4O_{10}](OH)_8$, $R = Mg^{2+}, Fe^{2+}, Fe^{3+}, Al^{3+}$

一类化学成分非常复杂的矿物,成分变化很大,还可有Ni和Cr等进入八面体晶格内。

绿泥石属层状硅酸盐,结晶为假六方片状或板状,多数呈鳞片状集合体、土状集合体。颜色为绿色为主,富镁者浅蓝绿色,富铁者深绿至黑绿色,含锰者浅褐、橘红色,含铬者浅紫至玫瑰色,条痕无色,玻璃光泽,解理面珍珠光泽,硬度 2~2.5,随含铁量增加可达3,比重2.6~3.4,解理极完全,解理片具挠性。

绿泥石是分布很广的岩浆期后矿物,交代角闪石、黑云母等铁镁暗色矿物,有时也交代长石及石英,其次它也是绿片岩相区域变质岩的主要组成矿物。在沉积岩和粘土中都有产出。

鉴定特征:颜色、形态及解理特征。

51. 蛇纹石(Serpentine)-$Mg_6(Si_4O_{10})(OH)_8$

化学组成中代替 Mg 的有 Fe,Mn,Cr,Ni,Al 等,从而形成相应的变种。单晶体极罕见,纤蛇纹石(Chrysotile)多为纤维状集合体(称温石棉),利蛇纹石(Lizardite)和叶蛇纹石(Antigorite)多为细粒或致密块状集合体,有时表面现波状揉皱。淡黄绿至深绿色,或黄色及白色,常有青、绿斑状色纹,如蛇皮,铁的代入使颜色加深、密度增大。油脂或蜡状光泽,纤维状者呈丝绢光泽,硬度2.5~4,比重 2.2~3.6,除纤维状者外,解理完全。由富镁硅酸盐类矿物(如橄榄岩、辉石岩等)变质而成,见于结晶片岩及其他变质岩中。不吸水、不燃烧、热绝缘性好。

鉴定特征:纤维状或块状、颜色、光泽、硬度、产状。

52. 高岭石(Kaolinite)-$Al_4[Si_4O_{10}][OH]_8$ 或 $Al_2O_3 \cdot 2SiO_2 \cdot 2H_2O$

高岭土又称观音土、白鳝泥、膨土岩、斑脱石、甘土、皂土、陶土、白泥,常呈很细的结晶质或非晶质集合体,呈粉末状,土状,致密状,鳞片状,小鳞片常互相重叠成蠕虫状。致密块状纯者为白色,因含各种杂质而带有浅黄、浅褐、红、绿蓝等色。致密块状呈土状光泽或蜡状光泽,硬度变化大,约1~3.5,比重2.6,解理极完全。干燥时易搓成粉末且具吸水性(粘舌),潮湿后有可塑性,但无膨胀性。可用作陶瓷原料、耐火材料和造纸工业等,优质高岭土可制金属陶瓷,用于导弹、火箭工业。为长石等的风化产物(残余沉积物)。

鉴定特征:根据致密土状块体易于以手捏碎成粉末,吸水性(粘舌)、加水具可塑性而不膨胀,区别于其他相似矿物,如蒙脱石(加水膨胀,体积增加数倍);灼烧后与硝酸钴作用呈 Al 反应(蓝色)。

53. 长石类矿物(Feldspars)

长石是一类最主要的造岩矿物,广泛分布于岩浆岩、变质岩和沉积岩中。

长石主要是 K、Na、Ca 的硅酸盐矿物,具架状构造。长石由三种简单的分子组合而成:即钾长石 $K(AlSi_3O_8)$(Or)、钠长石 $Na(AlSi_3O_8)$(Ab)和钙长石 $CaAl_2Si_2O_8$(An)。这三种长石分子按一定的规律混溶,组成不同成分的长石。Or-Ab 为碱性长石系列,Ab-An 为斜长石系列,Or-An 是不混溶的。碱性长石在低压高温条件下为连续系列,能以任意比例混溶,随着温度下降,Or 和 Ab 的混溶性逐渐减少,并分离成二相,构成条纹长石。碱性长石主要种属有透长石、正长石、微斜长石、冰长石和歪长石。斜长石为连续系列,按钙长石分子的百分含量把斜长石分为钠长石(An 0-10)、更(奥)长石(An 10-30)、中长石(An 30-50)、拉长石(An 50-70)、倍长石(An 70-90)、钙长石(An 90-100)。

长石的形态多呈柱状或板状。颜色一般较浅,常为灰白色或浅肉红色,也有无色、深灰、绿色等。如果岩石中有灰白色和肉红色两种长石,则灰白色的一般为斜长石,肉红色的一般为钾长石。薄片中长石都为无色透明,长石{010}和{001}解理完全,{110}解理不完全。单斜晶系的正长石和透长石中{010}和{001}解理夹角为90°,三斜晶系的微斜长石,歪长石和斜长石的解理夹角为86°左右。

长石是不太稳定的矿物,经风化或热液蚀变很易变为高岭石、绢云母、钠黝帘石、方解石、沸石等。

长石的双晶极为常见,且是长石的一个重要鉴定特征。常见的有

矿物实习

钠长石双晶、卡斯巴双晶、肖钠长石双晶、钠长石-肖钠长石复合双晶、卡斯巴-钠长石复合双晶(卡钠联晶)、巴温诺双晶和曼尼巴哈双晶。

(1)正长石(钾长石)(Orthoclase)-K(AlSi$_3$O$_8$)

柱状晶体,岩石中呈不完全的柱状,板状,伟晶花岗岩中成巨大颗粒。蔷薇色、肉红色、白色、淡黄色,白色条痕,玻璃光泽,解理面上呈珍珠光泽,透明,硬度6,比重2.6,解理清楚完全,二组解理直交(90°),卡斯巴双晶常见,为酸性岩浆岩及伟晶花岗岩中的特别重要的造岩矿物。

鉴定特征:根据晶形、双晶(卡氏双晶)、颜色、硬度、解理,可与石英、方解石相区别。

(2)微斜长石(Microcline)——成分同正长石

与正长石酷似,两组解理夹角为89°40′,硬度6~6.5,比重2.6~2.8。富含Rb和Cs(可达4%)的绿色异种称天河石(Amazonite)。为高温岩浆冷却或低温岩浆结晶产物,主要形成于花岗伟晶岩及较大或较老的中深成侵入岩中,也可见于片岩、片麻岩、混合岩、接触交代变质岩中,偶见于碎屑沉积岩中。

鉴定特征:据产状与正长石区别,据产状和颜色与斜长石区别;天河石以完全解理区别于绿柱石和磷灰石。

(3)斜长石类(Plagioclase)(钠—钙长石类)

由各种比例的钠长石(Albite)(NaAlSi$_3$O$_8$)与钙长石(Anorthite)(CaAl$_2$Si$_2$O$_8$)所组成的类质同象系列。

通常呈板状及板状集合体,在岩石中常呈板状或不规则粒状。白色、浅黄、浅灰、浅绿、浅棕、浅蓝及浅红色等色,玻璃光泽,透明。解理面上可以见到细密的聚片双晶纹,偏光显微镜下呈明暗相间的细带状构造,肉眼也能观察聚片双晶。硬度6~6.5,比重2.6~2.8,两组解理完全,交角86°24′~86°50′。酸性、中性、基性斜长石,见于与其酸度相适应的岩浆岩中。

鉴定特征：用肉眼区别斜长石与钾长石(正长石)的可靠依据是斜长石具聚片双晶，另外根据它们的颜色、解理夹角等。在岩石中的斜长石，根据双晶，有无解理及透明度，可与石英区别。

54. 似长石类

似长石成分上与长石相似，与长石相比，这些矿物有以下特点：SiO_2 含量较低而碱金属 K 或 Na 含量较高，故似长石矿物多是在富碱贫硅的介质中形成的，一般不与石英共生；结构开阔松弛，具较大空洞，可容纳大半径阳离子 K^+、Na^+、Ca^{2+}、Li^+、Cs^+ 等和较大的附加阴离子或络阴离子如 f、Cl^-、OH^-、CO_3^{2-} 等；比重较低，一般为 2.3～2.6，硬度较小，5～6.5。

(1)白榴石(Leucite)-$KAlSi_2O_6$

完整的四角三八面体，另见粒状集合体。白色、灰色或炉灰色有时带浅黄色，无色或白色条痕，玻璃光泽，断口油脂光泽，透明，硬度5.5～6，比重2.4～2.5，无解理。见于某些富钾贫硅的喷出岩浆岩及浅成岩中，不与石英共生。

鉴定特征：完整的四角三八面体，炉灰色、成因产状。

(2)霞石(Nepheline)-(Na,K)$AlSiO_4$

小六方柱状(少见)，一般为致密块状及粒状。无色、灰白、浅黄、浅灰绿色等色，无色或白色条痕玻璃光泽，断口油脂光泽，透明，硬度5～6，比重2.6，解理不完全，贝壳状断口，性脆。产于基性岩浆岩中(不与石英共生)，容易风化，在岩石中呈现凹陷，遇 HCl 分解析出胶状 SiO_2。

鉴定特征：以油脂光泽、无完好解理与长石相区别；以常含染色斑点、易风化与石英相区别。此外，其粉末在试管中加浓 HCl 煮沸几分钟，残渣中出现云霞状硅胶，可与石英相区别。

矿物观察(四)

——硝酸盐类、碳酸盐类、硫酸盐类、磷酸盐类、钨酸盐类、硼酸盐类、碳氢化合物——

六、硝酸盐类(Nitrates)

硝酸盐是金属阳离子与(NO_3^-)结合而成的化合物。因其在水中极易溶解而不能保存,自然界中此矿物仅发现 10 种左右,分布也很局限,多见于干旱沙漠地带,由微生物分解含氮有机质形成的硝酸根与土壤中碱质化合而成,也可见于火山喷气口。

55. 钠硝石(智利硝石)(Nitratine)-$NaNO_3$

晶体呈菱面体,与方解石相似,集合体常呈粒状、块状、皮壳状、盐华状等。白色、无色,因含杂质而染成淡灰、淡黄,淡褐或者红褐色,白色条痕色,玻璃光泽,透明,硬度 2,比重 2.2~2.3,有一组解理完全,性脆,可见贝壳状断口,极易溶于水,味稍咸且涩凉,强潮解性,为外生矿物,用吹管烧之易熔,火焰呈浓黄色。

鉴定特征:晶形、解理、低硬度、涩味、强潮解性。

七、碳酸盐类(Carbonates)

金属阳离子与碳酸根(CO_3^{2-})结合而成的含氧盐矿物。目前已知该类矿物 100 余种,约占地壳总质量的 1.7%。钙和镁的碳酸盐在地球表层系统中分布很广,不仅能构成海相地层的巨厚沉积,钙的碳酸盐还是生物骨骼的主要组成成分。一些碱金属的碳酸盐矿物可溶于水,而所有碳酸盐矿物均溶于盐酸,但程度不同,是鉴定碳酸盐矿物的一项重要依据。本类矿物有内生、外生和生物3种成因,其中外生成因分布最广泛。

56. 方解石(Calcite)-$CaCO_3$

矿物中常含有 Mn、Fe、Mg 及少量的 Pb 和 Zn、Sr、Ba、Re、Co 等。

自形晶常见,不同聚形晶达600种以上,如呈复三方偏三角面体和菱面体聚形,六方柱与复三方偏三角面体和菱面体聚形,也可呈简单的菱面体。集合体形态多种多样,有致密块状,或不规则粒状,也有鲕状、钟乳状、球粒状、纤维状、晶簇状等。最常见的为无色和白色,无色透明且结晶均较完善者称为冰洲石(Iceland spar),有的呈灰、黄、绿、紫等以至黑色,条痕白色,玻璃光泽,透明至半透明,硬度3,比重2.6~2.9,性脆,具有三个方向的完全的菱面解理(锤击后即成菱形小块)。遇稀盐酸即剧烈起泡。

广泛分布于沉积岩、变质岩中,为石灰岩、大理岩的主要组成矿物。在岩浆岩内一般作为岩浆期后或次生矿物出现,但产在碱性岩及碳酸岩中的方解石为岩浆成因。

鉴定特征:根据晶形、解理(菱面体解理)、低的硬度以及遇冷盐酸起泡等特征,可与石英、重晶石、萤石、斜长石等相似矿物相区别。

方解石与白云石 $CaMg(CO_3)_2$ 很相似,但白云石的晶面常弯曲成马鞍形,遇冷盐酸反应微弱(方解石遇冷盐酸剧烈起泡)与方解石区别。

57. 菱镁矿(Magnesite)-$MgCO_3$

晶体呈菱面体,或柱状、板状、致密状、土状、纤维状、放射状,通常为微粒集合体。白色或带微灰,有时带淡红色调(含 Co),含铁者呈黄至褐色、棕色,条痕白色,玻璃光泽,透明至半透明,硬度3~4.5,大于方解石,比重2.9~3.4,解理完全,致密块状可见贝壳状断口。

鉴定特征:菱面体解理完全,遇冷盐酸不起泡,粉末在热盐酸中分解,剧烈起泡。

58. 菱铁矿（Siderite）-$FeCO_3$

晶体呈菱面体,通常呈粒状,有时为鲕状、球粒状或结核状集合体。黄至褐色,条痕灰白色,玻璃光泽,透明至半透明,硬度 3.5 ~ 4.5,大于方解石,比重 3.9,大于方解石、菱镁矿,菱面体解理完全。

鉴定特征:氧化为褐色,菱面体解理,将盐酸滴于矿物表面,缓慢起泡,颜色变黄($FeCl_2$),灼烧后的残渣显磁性。

59. 菱锰矿（Rhodochrosite）-$MnCO_3$

菱面体单晶,晶面弯曲,不常见;集合体呈粒状、块状、鲕状、土状。淡玫瑰红或紫红色,氧化后变褐黑色,条痕灰白色,玻璃光泽,透明至半透明,硬度 3.5 ~ 4.5,大于方解石,比重 3.6 ~ 3.7,菱面体解理完全,性脆。

鉴定特征:玫瑰红,氧化为褐黑色,菱面体解理,粉末加冷盐酸缓慢起泡,常与含锰的矿物共生。

60. 白云石（Dolomite）-$CaMg(CO_3)_2$

矿物中常含有 Fe 和 Mn,偶有 Zn,Ni 和 Co;含铁多时,即当 Mg:Fe≌1:1时,则成铁白云石。

晶体呈简单的菱面体,菱形晶面常弯曲成马鞍状,因含铁量的变化常见环带构造,集合体常呈粒状或致密块状,有时呈多孔状和肾状。无色或乳白、粉红、灰绿、浅黄等色,玻璃或珍珠光泽,透明,硬度 3.5 ~ 4,大于方解石,比重 2.9,随 Fe、Mn、Pb、Zn 含量增多而增大,性脆,解理完全,解理面常弯曲。白云石一般都见于沉积岩中,次生的是交代石灰岩中方解石而成,原生白云石产于地质年代较久远的古老地层中。

鉴定特征:马鞍状晶形,遇冷盐酸不起泡或起微泡,但粉末则起泡,遇镁试剂变蓝(可以区别于方解石)。

61. 孔雀石(石绿)（Malachite）-$Cu_2[CO_3][OH]_2$ 或 $CuCO_3 \cdot Cu[OH]_2$

晶体少见,有柱状、针状或纤维状,集合体呈肾状、葡萄状、皮壳状,少见晶簇状、土状等。孔雀绿,可呈暗绿、鲜绿至白色色调,条痕浅绿,玻璃至金刚光泽,完整晶面呈玻璃光泽,纤维状者丝绢光泽,其他则呈土状光泽,透明,硬度 3.5～4,比重 4～4.5,两组解理完全,遇盐酸起泡,薄片具有挠性。

鉴定特征： 孔雀绿,肾状或葡萄状形态,硬度小于小刀,遇盐酸剧烈起泡。

62. 蓝铜矿(石青)(Azurite)-$Cu_3[CO_3]_2[OH]_2$ 或 $2CuCO_3 \cdot Cu(OH)_2$

短柱状、柱状或厚板状,集合体为粒状、晶簇状、皮壳状或土状。深蓝或鲜蓝色,土状者浅蓝色,条痕浅蓝色,玻璃光泽或土状光泽,透明至半透明,硬度 3.5～4,比重 3.7～3.9,解理完全或中等,性脆,可见贝壳状断口,遇盐酸起泡。

鉴定特征： 蓝色,与孔雀石共生,硬度小于小刀,遇盐酸起泡。

63. 天然碱(Trona)-$Na_3(CO_3)(HCO_3) \cdot 2H_2O$

纤维状或柱状块,常呈晶簇或板状集合体。白、灰、黄各色,白色条痕,玻璃光泽或暗淡土状光泽,透明,硬度 2.5～3,比重 2.1,有一组完全解理,性脆,可见贝壳状断口,易溶于水,有涩味,遇盐酸起泡,火焰呈黄色。

鉴定特征： 板状,有咸味,硬度小于小刀,一组完全解理,易溶于水,有涩味,遇盐酸起泡,火焰黄色。

八、硫酸盐类(Sulfates)

硫酸盐矿物是金属阳离子与硫酸根(SO_4^{2-})结合而成的含氧盐类。已知该类矿物 170 余种,约占地壳总质量的 0.1%。石膏、重晶石、天青石、明矾石等能富集成矿,黄钾铁矾是干旱地区硫化物矿床的找矿标志。本类矿物有内生和外生两种成因,但均为氧逸度高而温度低的环境。

64. 重晶石（Barite）-$BaSO_4$

晶体常呈板状或柱状晶体,普遍为致密块状、纤维状、聚片状、粒状或土状集合体。纯净的晶体无色透明,一般呈白、灰、黄、蓝、褐、红等色,条痕白色,玻璃光泽,硬度 $3 \sim 3.5$,比重 $4.3 \sim 4.5$,有两组较完全解理,夹角近于 $90°$,另外两组解理夹角大于 $90°$,不溶于 HCl,烧之生黄色火焰。

鉴定特征:根据晶形、解理、比重大,遇盐酸不起泡与方解石、萤石、长石、石英等区别。

65. 明矾石（Alunite）-$KAl_3(SO_4)_2(OH)_6$ 或 $KAl(SO_4)_2 \cdot 12H_2O$

学名:十二水合硫酸铝钾。无色立方晶体,外表常呈八面体,或与立方体、菱形十二面体形成聚形,集合体呈致密块状,也有土状或纤维状。白色,常带浅灰、浅黄、粉红等色,玻璃光泽,透明,硬度 $3.5 \sim 4$,比重 $2.6 \sim 2.9$,一组解理中等,性脆,断口多片状至贝壳状,溶于水,不溶于乙醇。明矾性味酸涩,寒,有毒,故有抗菌作用、收敛作用等,可用做中药。

鉴定特征:晶体形态,白色或无色,玻璃光泽,无臭,味微甜而酸涩,易溶于水,不溶于乙醇。

66. 石膏（Gypsum）-$CaSO_4 \cdot 2H_2O$

又称二水石膏或生石膏。板状、柱状晶体,有时呈燕尾双晶,普通多呈粒状集合体(雪花石膏)或纤维状集合体(纤维石膏)。白色或无色,无色透明晶体称透石膏,含杂质时呈灰、黄、褐色等,白色条痕,玻璃光泽(晶面),解理面呈珍珠光泽,丝绢光泽(纤维石膏),硬度 $1.5 \sim 2$,比重2.3,解理极完全,可以劈成具挠性的薄片,性脆,断口多呈片状,加热去水即可变成粉末状。

鉴定特征:根据形态、解理、硬度以及遇盐酸不起泡等特征,可与方解石、重晶石等相似矿物相区别。

九、磷酸盐类(Phosphates)

磷酸盐矿物是金属阳离子与磷酸根(PO_4^{3-})结合而成的含氧盐类。已知该类矿物约 200 种,仅磷灰石等少数矿物能富集成矿,是制造磷肥、提取稀有和放射性元素的矿物原料。地壳中的磷几乎都以内生和外生磷酸盐矿物的形式出现。内生者多形成于岩浆作用和伟晶作用,少数形成于接触交代和热液作用;外生者或由复杂的生物化学作用形成,或由内生者变化而来。

67. 磷灰石(Apatite)-Ca₅(PO₄)₃(OH,F,Cl)

磷灰石是一类含钙的磷酸盐矿物总称,可据附加阴离子分为氟磷灰石(最常见)、氯磷灰石,羟磷灰石和碳磷灰石。晶形完好者呈六方柱状、板状,集合体为粒状、致密块状。纯净者无色透明,一般呈黄、黄褐、绿等色,条痕白色,透明至半透明,玻璃光泽,断口油脂光泽,硬度5,比重3.2。平行六方柱底面和柱面的解理不完全,性脆,断口不平坦,加热后常可出现磷光。在沉积岩、沉积变质岩及碱性岩中可形成矿床,由鸟粪或动物骨骼堆积可形成主要由羟磷灰石组成的生物磷矿。碳磷灰石和羟磷灰石是人体骨骼、牙齿、胆结石和尿结石的重要组成成分。

> 鉴定特征:磷灰石晶体颗粒大时,根据其晶形、颜色、光泽、不完全解理和硬度以及发光性,可与绿柱石、石英等相似矿物相区别。若颗粒细小,在标本上加浓硝酸和钼酸铵,若含磷即产生黄色沉淀(含 P_2O_5 千分之几就有明显反应)。

十、钨酸盐类(Tungstate)

钨酸盐是金属阳离子与 WO_4 结合而成的化合物。已知此类矿物数量少,在地壳中分布也较少,钨主要形成氧化物(如黑钨矿)和含氧盐(如白钨矿)。此类矿物多为氧化带表生作用的产物,仅无水钨酸盐由内生作用形成。

68. 钨酸钙矿（白钨矿）(Scheelite)-$CaWO_4$

双锥状晶体,晶体硕大,通常呈不规则粒状或致密块状集合体,一般为白色,或呈浅黄、棕绿,条痕白色,玻璃光泽到金刚光泽,断口呈脂肪光泽,透明至半透明,硬度 $4.5 \sim 5$,比重 $5.8 \sim 6.2$,解理中等,性脆,参差状断口,经加热或紫外线照射,发出天蓝色至黄色荧光(Mo 增加变成浅黄至白色)。

鉴定特征：白色、油脂光泽,比重大,紫外光照射发天蓝荧光。

十一、硼酸盐类(Borates)

硼酸盐矿物是金属阳离子与硼酸根结合而成的含氧盐类。已知该类矿物约 120 种,而常见的只有少数几种,是提炼硼的矿物原料。本类矿物主要形成于盐湖的沉积作用和接触交代变质过程中。

69. 硼砂(Borax)-$Na_2B_4O_5(OH)_4 \cdot 8(H_2O)$ 或 $Na_2B_4O_7 \cdot 10H_2O$

硼砂为含水的钠硼酸盐,脱水后称为八面硼砂。柱状或板状晶体,集合体呈粒状、土块状及皮壳状。无色、白色,有时带浅灰、浅蓝、浅黄色调,白色条痕,玻璃光泽或土状光泽,硬度 $2 \sim 2.5$,比重 $1.6 \sim 1.7$,有一组完全解理,性极脆,贝壳状断口。易熔(先膨胀而后成透明小球),空气中易脱水,也易溶于水,烧时有黄色火焰。湖中化学沉积物,也可见于火山升华物及热泉中。

鉴定特征：无色透明、硬度小,比重小,易熔成透明玻璃状小球。

十二、碳氢化合物(Organic Minerals)

碳氢化合物类矿物全部由不同比例的碳和氢组成,约有 10 个矿物种。氧化的碳氢化合物类矿物是以碳、氢为主,同时含一定量的氧和氮等组分的有机化合物,约有 8 个矿物种。这两类矿物在成因和产状方面与石油的关系极为密切,成分纯净者较少。这两类矿物不仅以可燃性和外生有机成因为其特征,在物理性质和化学性质方面也与一般的矿物存在明显区别。

70. 琥珀(Amber)-($C_{10}H_{16}O$)

一种局部氧化的非晶态碳氢化合物,是远古松科松属植物的树脂埋藏于地层,经过漫长岁月的演变而形成的化石,常包裹有生活在当时森林中的蚊、蝇等昆虫遗体。不规则块状、滴状、颗粒状。黄、棕、橙黄色,可带绿或白色调,白色条痕,松腊光泽,微透明至透明,硬度 2~2.5,比重 1~1.1,性脆,贝壳状断口。极易燃烧并爆炸有声、冒白烟,有松香气味,见于古近纪以来的煤层中。

鉴定特征:*颜色、硬度及可燃性;在阴极射线和紫外线照射下发玫瑰色、浅橙色或浅绿色荧光,加热至150℃时开始变软,250℃~400℃时熔融,燃烧时有香味,摩擦可带电。*

71. 沥青(Bitumen)(碳氢化合物的混合物)

是高分子碳氢化合物及其非金属衍生物的复杂混合物(故严格意义上讲沥青不是矿物)。棕黑及黑色、黄褐色,有时浅火红色。能全部或部分溶于二硫化碳、三氯甲烷、酒精和苯中,溶液在紫外线照射下发淡蓝色、黄色、褐色及棕色荧光,具有沥青光泽的半固定体或固体。易燃易熔,且有强烈沥青臭味,常见于石油产地。

补充矿物实验一:晶体的形成

一、目的要求

1. 观察从溶液中形成晶体的过程;

2. 了解晶体生长的要素(包括成分、结构和生长时所处的环境)以及它们对晶体形态的影响;

3. 通过实验观察了解矿物形成过程;

4. 了解晶体概念及其形态特征。

二、实习用具和材料

每组 50mL 烧杯三个,明矾 40g,硼砂 5g,硫酸铜 15g。筷子四根,棉线、细铁丝、胶布。

三、明矾晶体的培养

1. 配制过饱和溶液

在两个烧杯中分别加入 20g 明矾,其中一个加入 5g 硼砂,在烧杯上加上标记,分别加入 40mL 开水,不断搅拌至明矾全部溶解。(明矾 0℃ 溶解度 14g,80℃ 溶解度 170g)。

2. 捆绑晶芽

分别用棉线、细铁丝捆绑小块明矾,将另一端系在筷子上。

3. 悬挂晶芽

将晶芽分别悬挂在烧杯中,悬挂完毕后,静置两天左右,晶芽结晶长大成规则的几何多面体形态。

4.观察内容

在悬挂后的 1~2 小时内应注意观察。在十分钟后,杯底液面开始有晶体析出,晶芽慢慢长大,三十分钟后,晶芽周围将有涡流现象。下次实验课时取出晶体观察。

a.掺硼砂和不掺硼砂晶体形态有何不同;

b.铁丝悬挂和棉线悬挂结晶现象有何不同;

c.杯底结晶与悬挂晶芽结晶的晶体形态有何不同;

d.各晶体中晶面、晶棱是否平直,有无环带构造,相对应晶面夹角是否相同。

四、硫酸铜(胆矾)晶体的培养

将 15g 硫酸铜放入烧杯,加入 40mL 开水,搅拌,配制成过饱和溶液,待冷却至室温时,悬挂晶芽,静置。

下次试验课观察杯底和悬挂晶体的形态。

五、注意事项

1.爱护仪器和药品,勿打破烧杯

2.取出晶体,观察完毕后,用热水清洗烧杯

六、思考

1.为什么明矾和胆矾具有不同晶体形态?

2.哪些地方会优先析出晶体?

3.怎样才能培养出大晶体?

补充矿物实验二：晶体的形成

一、小实验：人造冰雕鱼

用薄铁片按鱼的侧影剪一条小金鱼，并在金鱼上钻一个小孔，系上一根线。将铁片鱼浸入明矾溶液中，线头绕在木筷中央，木筷搁在瓶口上，注意不要让金属小金鱼碰到底部的沉淀物。

当过饱和明矾溶液温度降低时，溶液中的明矾不断析出，并吸在金属小金鱼上，时间越长，结晶体便会越来越大，看起来就像一条冰雕小鱼。

如果在上述明矾溶液中滴入几滴红色墨水或蓝墨水，那么最后看到的就犹如一条红宝石或蓝宝石般的小金鱼了。

二、补充材料：矾塑

矾塑是一种中国汉族民间手工艺，集中于浙江省温州市苍南县矾山镇，由当地人利用丰富的明矾矿产资源制作而成。其内部材料五彩缤纷，外部结晶的明矾晶莹剔透，现已成为温州市著名的非物质文化遗产之一。

一件矾塑作品从开始制作到最后成型要经过四道工序，历经数日。

第一步是绕线。绕线就是在铜丝外面绕上制造矾塑所需的各种颜色丝线。这一步骤看似简单，却是整个矾塑制作的基础。

第二步是定尺寸。定尺寸是根据制作对象大小、形状所需选择绕线材料和尺寸。材料尺寸直接影响矾塑模型能否成型和精美程度。

第三步是定型。这是对技术要求最高的一个步骤。要求制作者"手巧",将手中的各种材料折叠成所需的模型。对于很多艺术品来说,这个步骤决定了其艺术价值的所在。

第四步是结晶。结晶就是将已经被折叠完成的矾塑模型放入矾池中,经过一段时间让明矾晶体附在上面。结晶并不是单纯地放入矾池就万事大吉,结晶要讲究矾水的温度、浓度以及时间把握。40℃、20%浓度的矾水是最适合矾塑结晶的。将矾塑模型放入矾水浸泡1.5小时左右,一件精美的矾塑艺术品就完成了。

第二章

岩石实习

一、目的要求

1. 掌握肉眼鉴定岩石的方法；

2. 系统地认识各类岩石，掌握它们的鉴定特征；

3. 实习前要预习课堂讲授的理论部分和每次实习的内容；

4. 观察岩石时要认真、仔细、全面；

5. 复习已观察过的主要造岩矿物；

6. 要逐步学会观察和描述岩石，并在实际工作中能作完整的记录；

7. 除室内观察标本外，还应多到野外观察。

二、实习用具

1. 各种岩石标本；

2. 放大镜、小刀、立体显微镜、盐酸、实习用纸。

三、岩石的肉眼鉴定方法和岩石观察

岩浆岩

一、岩浆岩的肉眼鉴定方法

岩浆岩的肉眼鉴定主要根据岩浆岩的颜色、矿物成分、结构和构造来鉴定。

(一)颜色

鉴定一块岩石首先看其颜色的深浅程度,根据颜色可以大致确定岩石的类型。岩石颜色的深浅决定于岩石中深色矿物和浅色矿物的含量比。一般从酸性岩到超基性岩深色矿物含量逐渐增多,岩石的颜色也就由浅而深,因而颜色可以作为鉴定岩浆岩的依据之一。根据深色矿物在岩石中的含量(体积分数)即色率,把岩浆岩分为四类:

(1)浅色岩:色率为 0~35%,一般为酸性岩;

(2)中色岩:色率为 35%~65%,一般为中性岩;

(3)深色岩:色率为 65%~90%,一般为基性岩;

(4)暗深色岩:色率为 90%~100%,一般为超基性岩。

(二)矿物成分

岩浆岩是由各种造岩矿物所组成的,因而矿物成分是鉴定岩浆岩的主要依据。

岩浆岩的矿物成分主要有:橄榄石、辉石、角闪石、黑云母、斜长石、正长石、石英、霞石和白榴石。特别要注意橄榄石、辉石、角闪石、正长石以及细粒结构中长石和石英的区别。

1. 指示性的矿物——石英和橄榄石

石英——酸性岩的特征矿物。在岩石中常成不规则粒状,半透明、无色或烟灰色,油脂光泽或玻璃光泽,硬度高,无解理,具贝壳状断口

（具体的矿物物理性质见前"矿物观察"中的描述）。

橄榄石——超基性岩的特征矿物。在岩石中呈粒状，黑绿色至黄绿色，玻璃光泽。（具体的矿物物理性质见前"矿物观察"中的描述）。

如岩石标本中出现大量橄榄石可定为超基性岩，如岩石标本中出现大量石英可定为酸性岩，如以上二者很少或没有则是中性岩或基性岩，酸性岩中绝对不含橄榄石，超基性岩中绝对不含石英。

2. 长石成分——岩浆岩的重要矿物

酸性岩：正长石、酸性斜长石；

中性岩：中性斜长石；

基性岩：基性斜长石；

超基性岩：不含长石或含量极小。

识别岩石中长石成分和指示矿物是鉴定各类岩浆岩的关键。

表 2-1　正长石和斜长石的鉴定特征对比表

正 长 石	斜 长 石
1. 解理面上无双晶纹，有时具卡氏双晶	1. {001}解理面上，具聚片双晶纹
2. 解理交角成 90°	2. 解理交角 86°左右
3. 晶体短粗，半自形——他形	3. 晶体呈长条状或板块，自形——半自形
4. 肉红色(多)或白色(少)	4. 灰白色(多)或微红色(少)
5. 正长石新鲜面是玻璃光泽，风化后为土状光泽(透长石具玻璃光泽)	5. 玻璃光泽至珍珠光泽
6. 常在浅色的岩石中，与石英、黑云母等共生	6. 常在中色、深色岩中，与石英、角闪石、辉石等共生
7. 蚀变矿物：高岭石	7. 蚀变矿物：绿帘石、绢云母等

3. 深色矿物——岩浆岩中的深色矿物主要有橄榄石、辉石、角闪石、黑云母

酸性岩中的深色矿物——黑云母为主；

中性岩中的深色矿物——角闪石为主；

基性岩中的深色矿物——辉石为主；

超基性岩中的深色矿物——橄榄石为主。

中性岩和基性岩的长石成分都有斜长石。要根据长石成分来区分它们是不容易的，它们的主要区别就在于深色矿物的不同，以角闪石为主的是中性岩，以辉石为主是基性岩。

因此，深色矿物的鉴定对于区别中性岩和基性岩很重要。黑云母、角闪石、辉石在岩石中的鉴定特征：黑云母呈棕黑色，具珍珠光泽，解理极完全，有弹性，硬度较其他铁、镁矿物小，用小刀可刻划成小片，这可与角闪石、辉石区别。辉石和角闪石性质极为相似，但仔细观察也可区别开来（见表2-2）。

表2-2　辉石和角闪石的鉴定特征对比表

辉　石	角　闪　石
1. 晶体短柱状，横切面为正方形或八角形	1. 晶体长柱状，横切面为假六方形
2. 解理交角近90°，解理发育较差	2. 解理交角近120°，解理发育较好
3. 黑色带棕色，光泽较暗淡	3. 黑色带绿色，常微具丝绢光泽
4. 常与斜长石、橄榄石伴生在深色岩中	4. 常与斜长石、石英、正长石伴生在中色岩或浅色岩中

4. 似长石类——最常见的是霞石和白榴石，如岩石中出现了它们则为碱性岩

霞石——肉眼不易识别，其特点是具有典型的脂肪光泽，灰白色中带一些淡黄、褐、红等色彩，较石英易风化，硬度5.5。

白榴石——灰白色，常成四角三八面体，有时呈圆柱状。

鉴定岩石中的矿物成分是岩石定名最重要的依据。

(三) 结构

结构是指矿物的结晶程度、颗粒大小、形状以及矿物之间的组合方式所反映出来的岩石构成上的特点。岩石的结构决定于岩浆成分与岩石形成的物理化学条件——温度、压力、浓度、冷却速度等，所以结构是识别岩石的一个标志。肉眼观察结构特征是极有限的，而且常常是粗略的，下面列举一些肉眼能粗略观察的结构。

1. 岩石的结晶程度

全晶质结构——多出现在侵入岩中。

半晶质结构——部分浅成岩和喷出岩具这种结构。

玻璃质结晶——多出现在喷出岩中。

2. 岩石的自形程度

自形晶——具完整晶形，多半是在足够的空间和时间的条件下缓慢结晶生成的，如斑状结构中的斑晶。如果岩石中大多数矿物是由自形晶组成，就称为全自形结构。

半自形晶——晶体部分为完整的晶面，部分为不规则的轮廓，这说明结晶时很多矿物都无晶体析出，条件不允许它充分发展。如果岩石中大多数矿物是半自形晶，则称为半自形结构。大多数深成岩和浅成岩具有这种结构。

他形晶——无一完整晶面，形状多半是不规则的，充填在其他已经析出的矿物颗粒空隙之间。如岩石中大多数矿物为他形晶，则称为全他形结构。

3. 粒度

具有晶质结构的侵入岩需观察其粒度。

显晶质结构——凡凭肉眼或借助于放大镜可见到矿物颗粒的结构。断面粗糙，可以看出颗粒大小，鉴定出矿物成分。

隐晶质结构——肉眼或放大镜下不能见到，只有在显微镜下才能够见到矿物颗粒的结构。断面平整，看不见矿物颗粒，鉴定不出矿物成分。

玻璃质结构——在显微镜下也难见到矿物颗粒。断面光滑，贝壳状断口,玻璃光泽或松脂光泽。

显晶质侵入岩的粒度按大小分为:

粗粒结构——矿物颗粒直径 >5mm;

中粒结构——矿物颗粒直径 2~5mm;

细粒结构——矿物颗粒直径 0.2~2mm;

微粒结构——矿物颗粒直径 <0.2mm。

粒径大小的度量以岩石中有代表性的颗粒长轴为准,通常度量钾长石、斜长石和石英。如果岩石以暗色矿物为主则度量有代表的暗色矿物。如果岩石中主要造岩矿物粒度大致相等称为等粒结构;如果大小不等且连续变化则称为不等粒结构;如果颗粒大小相差悬殊,且无过渡粒径颗粒则称斑状结构。

岩体中矿物粒度是形成环境的反映,岩浆在深部缓慢冷凝时粒度粗,在浅部较快冷凝时粒度细;岩体中心冷凝缓慢则粒度粗,边部急剧冷凝则粒度细;当岩浆中含较多挥发组分时亦可使冷凝速度缓慢,出现粗大的矿物晶粒。

鉴定一块岩石的结构包括:

全晶质等粒半自形结构或似斑状结构——深成岩;

全晶质细粒等粒结构或斑状结构——浅成岩;

隐晶质、斑状及玻璃结构——喷出岩。

(四)构造

构造是指岩石中不同矿物集合体之间或矿物集合体与岩石其他部分之间的排列方式或充填方式的特点。构造的形成主要决定于岩石圈构造运动和岩浆的流动等地质因素,构造是识别岩石的一个标志。

1.侵入岩常具块状构造、条带状构造、局部具斑杂构造

块状构造——各种组分在岩石中均匀分布,无定向排列,也无特殊聚集现象。

斑杂构造——各种组分在岩石中分布不均,往往是暗色矿物聚集成团,分布在浅色的岩石中。

条带状构造——岩石由不同组分的条带构成,通常是暗色矿物和浅色矿物相间排列组成条带,基性侵入岩中较为常见。

2. 喷出岩中常具气孔状、杏仁状、流纹状、致密块状构造

(五)岩浆岩的命名

1. 名称来源

(1)根据岩石的特征命名:如粗面岩,是因岩石有粗糙之感;响岩是因击之有响声;流纹岩是因岩石表面有流纹。

(2)根据岩石首先发现的地点命名:如安山岩是以安第斯山而得名;金伯利岩是源自南非的金伯利。

(3)根据岩石中主要矿物名称的组合命名:

辉长岩——辉石、基性斜长石;闪长岩——角闪石、中性斜长石。

(4)源自古代:如玄武岩和斑岩可回溯到罗马时代。

2. 岩种的命名

(1)根据岩石的颜色、矿物的性质和量化关系,再结合结构、构造定出岩石的基本名称。如橄榄岩、花岗岩。

(2)进一步命名时有下列几种情况:

①特征矿物名称 + 岩石的基本名称:如黑云母花岗岩、紫苏辉长岩、橄榄玄武岩等。

②同时有两种特征矿物则:量少者 + 量多者 + 岩石基本名称,如角闪石黑云母花岗岩。

③为了工作需要还可:颜色 + 结构 + 构造 + 特征矿物 + 岩石的基本名称,如肉红色似斑状黑云母花岗岩。

二、主要岩浆岩的观察

(一)超基性岩

1. 橄榄岩(Peridotite)

主要由橄榄石及辉石组成,呈深绿,褐绿至黑色。橄榄石为黄绿色颗粒,表面不平坦。辉石为黑色板状颗粒,具完全解理。橄榄石常蚀变为蛇纹石,粗粒或中粒。

2. 辉石岩(Pyroxenite)

深色,颗粒粗,成分以辉石为主,往往含少量的橄榄石。

(二)基性岩

1. 辉长石(Gabbro)

主要为基性斜长石,辉石组成(有时含少量角闪石),黑绿至黑色,深色矿物约占 50%,斜长石为浅灰,浅绿至深色(碎粒边缘半透明)。辉石黑绿至黑色,都有平坦解理面,粗粒。

2. 辉绿岩(Dolerite)

黑绿至近于黑色,致密成细粒基质上,可见有柱状或板状的斜长石(暗灰、浅绿至深色,自形好,大小不等),辉石常成短柱状,黑色或蚀变为绿色(河北下花园者属之),有的变化呈浅绿色,致密状(如山西辉绿岩)。

3. 玄武岩(Basalt)

黑绿色、黑色、致密状隐晶质结构,有的常具许多气孔构造(如南京玄武岩),触之有粗糙感,风化面呈浅褐色。四川峨眉玄武岩有明显的斜长石斑晶。

(三)中性岩

1. 闪长岩(Diorite)

主要矿物为中性斜长石及角闪石(或含少量黑云母),一般为灰色,深灰色或各种杂色,深色矿物占 20% ~ 40%,长石为白、浅灰或浅绿色,角闪石呈黑绿细小柱状。斜长石颗粒一般较细,也可成中粒至粗粒。

2. 玢岩(Porphyrite 安山玢岩)

致密状的灰、灰绿色或紫色等,有斜长石或角闪石斑晶。斜长石斑晶细长或短粗,白、浅灰或深灰绿色。角闪石斑晶呈细小柱状,黑色。

3. 安山岩(Andesite)

灰色、深灰色或巧克力褐色,紫色等。岩石甚致密,有细小长石或角闪石斑晶(斑晶一般比玢岩细小,长石较新鲜有光泽),有时有黑云母斑晶。

(四)酸性岩

1. 花岗岩(Granite)

主要矿物有石英、正长石(部分为酸性斜长石)、黑云母(有时有白云母),有时含有角闪石。深色矿物一般不超过 10%,岩石颜色呈白色、灰白色、浅黄色或肉红色。石英为白色或呈烟灰色颗粒,断口不平坦。正长石多白色、浅黄色或肉红色,成不完整柱状或板状,有平坦解理面,面上呈似玻璃光泽。云母光泽闪亮,可用小刀揭成薄片。角闪石成柱状颗粒,硬度大于黑云母。

2. 花岗闪长岩(Granodiorite)

主要矿物中有中性斜长石、钾长石、石英、角闪石和黑云母。中性斜长石含量约占长石的 2/3 以上,钾长石含量须小于 1/3。灰色中粒状或细粒状结构。与花岗岩的区别是中性斜长石较多(斜长石 > 正长石),深色矿物也较多。

3. 花岗斑岩(Granite porphyry)

浅色(淡黄、红、灰等色)。全晶质斑状结构,石英及正长石斑晶较粗大,基质为石英、长石及白色云母等组成。在放大镜下可明显看出其为结晶质。

4. **石英斑岩**(Quartz porphyry)

颜色为褐色、红色、黄色、浅绿色、紫色、浅灰及深灰等色,基质致密,有明显的石英斑晶,具斑状结构。

5. **流纹岩**(Rhyolite)

颜色浅,为淡白色、浅灰、浅黄及浅红等。岩石致密,具有石英或长石斑晶,但斑晶细小,有时斑晶不明显,呈致密状,具有流纹构造。

6. **珍珠岩**(Pearlite)

成分与流纹岩同,具有玻璃状与球粒状结构。

7. **黑曜岩**(Obsidian)

玻璃状,有玻璃光泽,可见显著的贝壳状断口。呈黑色,又称火山玻璃。

8. **浮石**(Pumice stone)

颜色浅淡,多白色或灰白色,质轻多孔,玻璃质。

(五)半碱性岩、碱性岩

1. **正长岩**(Syenite)

主要矿物为正长石(有少量斜长石)和角闪石,有时见少量黑云母。深色矿物不超过15%,岩石颜色浅淡,呈白色、灰白色,浅黄色或肉红色。粗粒或中粒结构,外观与花岗岩相似,区别在于不含石英。

2. **粗面岩**(Trachyte)**及正长斑岩**(Orthophyre)

白色、浅灰、浅黄、浅红等色,斑晶为细小长石,深色矿物斑晶很少。有粗糙感,如果岩石较致密,正长石斑晶显著而无光泽的(风化较深造成)称为正长斑岩。

3. **霞石正长岩**(Nepheline syenite)

棕色、灰褐色,全晶质中粒结构,块状构造,浅色矿物有白色具玻璃光泽的钠长石、正长石及黄褐色具油脂光泽的霞石,深色矿物多为碱性角闪石,有时可见微小的黑云母。

4. 假白榴响石（Pseudoleucite phonolite）

浅色,灰绿色,斑状结构,块状构造,斑晶为假白榴石,岩面上,可见变质而成为白色透长石和黄褐色霞石的微晶集体,基质成灰绿色髓晶质。

（六）脉岩

1. 伟晶岩（Pegmatite）

主要矿物为石英和正长石,晶粒巨大,或呈文象结构,有时有云母(白云母,黑云母)巨片,呈岩脉产出。黄玉、电气石、绿柱石等为伟晶岩中的典型矿物。

2. 细晶岩（Aplite）

主要矿物为石英和正长石,少有深色矿物,颜色浅淡,细粒,常见于花岗岩的边缘部分。

3. 煌斑岩（Lamprophyre）

主要矿物为黑云母、角闪石或辉石,一般呈黑色。

（七）火山碎屑岩（一般把它们划入沉积岩大类）

1. 集块岩（Agglomerate）

杂色,中色或浅色,是纯粹的岩浆岩物质,碎块大小不一。

2. 火山角砾岩（Volcanic breccia）

由火山角砾为主的熔岩碎块和其他岩块经压固和胶结而成的岩石。

3. 凝灰岩（Tuff）

有各种不同的颜色,多孔状结构的石基上有不同大小,不同形状,不同颜色的碎屑,为非晶质岩石。

沉积岩

一、沉积岩的肉眼鉴定方法

(一)沉积岩分类方式

1.碎屑岩类
- 粗碎屑岩(砾岩或角砾岩)>2mm 含量>50%
- 中碎屑岩(砂岩)0.05~2mm 含量50%
  - 粗砂岩 0.5~2mm
  - 中砂岩 0.25~0.5mm
  - 细砂岩 0.05~0.25mm
- 细碎屑岩(粉砂岩)0.005~0.05mm 含量>50%

2.粘土岩类(<0.005mm)
- 粘土(弱固结,不显层理)
- 泥岩(强固结,显层理)
- 页岩(强固结,显层理)

3.化学岩及生物化学岩类
- 硅质岩(SiO_2>90%)
- 碳酸盐岩 石灰岩 白云岩及过渡型岩石
- 盐岩(石膏、硬石膏岩、石盐岩)

(二)碎屑岩类

1.结构

(1)碎屑颗粒的大小——碎屑岩分类的依据。按粒度大小分为砾质岩,砂质岩或粉砂岩。砂质岩要分出粗、中、细砂岩(见砂岩分类简表2-3)。

(2)颗粒的形状:若颗粒外形是棱角形、次棱角形则是角砾岩;若颗粒外形是圆形、次圆形则是砾岩。

2. 主要碎屑成分

主要矿物成分和岩屑。

砾质岩——碎屑成分复杂。

砂质岩——矿物成分主要石英,长石及一些岩屑。石英是砂岩中最常见的,大量出现的矿物,呈不规则状,半透明,油脂光泽,硬度大(7);长石在砂岩中含量仅次于石英,颜色暗淡,光泽不显,多为酸性斜长石、微斜长石、正长石,易风化;岩屑具棱角状,次棱角状。

粉砂岩——组成成分肉眼不易鉴定,可根据粒度鉴定。

3. 胶结物成分

铁质、钙质、硅质、粘土质。其鉴定方法如下:

铁质:使岩石染成红色、褐红色;

钙质:加稀盐酸起泡,并有丝丝响声;

硅质:使岩石胶结坚硬;

粘土质:岩石较为松软,并常有污染现象;

一种岩石标本胶结物不止一种,常有各种胶结物混合胶结。

4. 碎屑岩的命名

(1)按颜色命名:颜色 + 岩名

如,紫红色砂岩。

(2)按主要矿物成分命名:主要矿物成分 + 岩名

如,长石砂岩、石英砂岩。

(3)按主要粒级命名:粒级 + 岩名

如,粗砂岩、细砂岩。

(4)组合命名法:颜色 + 构造 + 结构 + 组成 + 岩名

如,紫红色中厚层中—粗粒岩屑石英砂岩。

5. 砂岩分类简表（表2-3）

表2-3　砂岩分类及各组分所占百分比含量简表

岩类	岩石名称	在全部碎屑组分中			备　注
		石英（％）	长石（％）	岩屑（％）	
石英砂岩	石英砂岩	>90	0～10	0～10	
	岩屑石英砂岩	60～90	<10	5～25	长石<岩屑
	长石石英砂岩	60～90	5～25	<10	长石>岩屑
长石砂岩	长石砂岩	<75	>25	<10	
	岩屑长石砂岩	<65	>25	10～25	
岩屑砂岩	岩屑砂岩	<75	<10	>25	
	长石岩屑砂岩	<65	10～25	>25	

（三）粘土岩类

1. 根据泥质结构和页理构造来鉴定

（1）泥质结构

具泥质结构的粘土岩颗粒细小，90％的粘土质点粒径<0.005mm，以手触摸有滑腻感，小刀切割后切面光滑，断口为贝壳状。

（2）页理构造

叶片状层理叫页理。页理的形成主要是由于水云母、绢云母，有时是绿泥石等片状矿物平行排列所致。具页理的粘土岩是页岩，具层状而不具页理的粘土岩则是泥岩。

2. 命名

根据颜色、粘土矿物、混入物来命名。如：钙质泥岩、黑色页岩、灰绿色水云母页岩、炭质页岩、铁质泥岩、油页岩等。

（四）化学岩及生物化学岩类

1. 根据岩石的矿物成分及其与几种简单的化学试剂（稀盐酸

等)的反映情况来鉴别。 如(表2-4):

表2-4　石灰岩与白云岩过渡类型岩石及简易鉴别表

岩　类	方解石(%)	白云石(%)	岩石名称	简易鉴别法
石灰岩	>90	<10	石灰岩	遇稀 HCl 起泡剧烈
	75 ~ 90	10 ~ 25	含白云质灰岩	遇稀 HCl 起泡剧烈
	50 ~ 75	25 ~ 50	白云质灰岩	遇稀 HCl 起泡较微弱
白云岩	25 ~ 50	50 ~ 75	灰质白云岩	遇稀 HCl 起泡微弱
	10 ~ 25	75 ~ 90	含灰质白云岩	遇稀 HCl 不起泡
	<10	>90	白云岩	遇稀 HCl 不起泡,风化后呈"刀砍纹"状

2. 化学岩和生物化学岩的结构

(1)结晶结构

化学岩和生物化学岩均具晶粒结构,按晶粒大小不同分为(表2-5):

表2-5　晶粒结构按晶粒大小不同分类简表

结　构	晶粒大小	形态特点
粗粒结构	>1mm	肉眼能见到晶体
中粒结构	0.5 ~ 1mm	肉眼能见到晶体
细粒结构	0.1 ~ 0.5mm	肉眼不能看清晶粒,薄片下晶体明显
微粒结构	0.01 ~ 0.1mm	肉眼分辨不出颗粒,岩石均一,镜下能辨别
隐晶结构	<0.01mm	岩石均一,薄片下也无法辨别

(2)生物结构

岩石中生物结构几乎全部由生物遗体组成。可分为:

①全贝壳结构:生物遗体外形保存完好。

②生物碎屑结构:生物遗体破碎,有的经过搬运而有不同程度的磨损。

（3）碎屑结构

有碎屑和胶结物之分。碎屑物质系由早生成的化学岩、生物化学岩经过破碎和搬运,再沉积而又被化学沉积物胶结而成,如竹叶状灰岩。

（4）鲕状结构

这是最常见的一种结构,以铁、锰、铝、硅质岩、石灰岩中最普遍。鲕粒大小0.2～2mm,形状浑圆。鲕粒中心是生物碎屑、矿物碎屑,具同心环状构造,少数具放射状构造,个别有复鲕,即2～3个单鲕包含在一个共同的同心层状外壳之中。鲕状结构是在温暖或湿热的气候,平缓的地形,动荡的浅海环境下形成的一种结构。

（5）豆状结构

外形是豆状,成因与鲕状结构的成因基本相同,特点也相似。区别是个体较大,大于2mm,以铝质岩中常见。

3.命名方式（颜色＋构造＋结构＋岩石基本名称）

如:灰白色薄层细晶石灰岩,浅黄色厚层粗晶白云岩等。

二、野外观察沉积岩

沉积岩的野外观察主要包括以下7个方面的内容,即岩性、颜色、结构、构造、层厚、沉积岩体整体的形态、化石。其中,后五项尤其需在野外露头上观察,仅观察标本是不全面的。如碎屑岩,尤其砾岩,其磨圆度和分选程度,通过较大范围观察才具有代表性。沉积构造有特别重要的意义,如反映地层上下关系的层面构造、提供古水流方向的各种构造,均需重点观察和测量。确定沉积岩体整体形态需沿露头追索。要注意寻找化石,并观察收集化石种类、产出层位和保存情况等方面的资料。

（一）路线

施家梁——北碚

（二）内容

1. 沉积岩的颜色

沉积岩的颜色是沉积岩层的特殊标志。它不仅是沉积岩的表面现象,而且还是反映组成岩石的物质成分和气候、介质等方面的重要特征。因此,对颜色成因的研究有助于了解沉积岩和沉积矿产的形成环境及其形成后的变化。

(1)白色:一般不含色素,如纯质的碳酸盐岩、岩盐、高岭土、白垩、纯石英砂岩等。

(2)灰色、黑色:由于含有机质(碳质、沥青质)和分散状硫化物所致。这些物质含量高,颜色就愈深,表明岩石形成于还原或强还原条件。碳质与泥泽环境有关;硫化铁物质则与海或湖的停滞水有关。

(3)红色、紫红色、褐红色、褐黄色:常为大陆或海陆过渡带陆源碎屑岩的颜色,即所谓的"红层"的特征颜色。据研究,沉积物沉积时,由于沉淀了含水的氧化铁作为色素,而使沉积物呈现褐黄色,随着时间的流逝,在沉积后生期含水氧化铁逐渐脱水变成含有 Fe^{3+} 的氧化物和氢氧化物(如赤铁矿、褐铁矿、水针铁矿等),而过渡为砖红色—红色—紫红色,反映了岩石形成时的强氧化条件,这种变化常可在一个从新到老的连续剖面中看到。红层中常可看到灰绿色岩石或岩层,它们大都是沉积物埋藏后(特别是后生期)被还原(Fe^{3+} 还原为 Fe^{2+})的结果,因此红层又称之为杂色岩系。

(4)绿色:由于含 Fe^{2+} 和 Fe^{3+} 的硅酸盐矿物(海绿石、绿泥石)而表现出绿色,代表弱氧化或弱还原的环境。如岩石中含角闪石等绿色矿物也可呈绿色。

(5)蓝色、青色:是硬石膏、天青石、石膏、岩盐等矿物特有的颜色,有时蓝色是由蓝铜矿引起的。

(6)紫色:与氧化铁和氧化铝有关,有时则由于含土状萤石造成,代表强氧化环境。

2. 沉积岩的构造

（1）层理：岩石的成层性质，它是由于成分、结构、颜色等性质在垂向上（垂直于沉积岩表面的方向上）的变化表现出来的。因此层理的出现能说明沉积条件的变化。

①主要层理类型——水平层理、波状层理、斜层理。

②层理与节理的区别：

A. 层理不穿层，节理要穿层；

B. 层理延伸远，节理延伸不远；

C. 层理的成层现象明显，节理不成层。

③岩层厚度：指上层面与下层面之间的垂直距离，它的物理意义是代表单位地质时间间隔内堆积的速率。按单层的厚度分为：

巨厚层（块状层）	层厚度	>100cm
厚层	层厚度	50～100cm
中厚层	层厚度	10～50cm
薄层	层厚度	1～10cm
微层	层厚度	0.1～1cm
显微层	层厚度	<0.1cm

（2）波痕：是由介质（风、流水、波浪）的运动，在沉积物表面形成的一种波状起伏的构造，它由一系列狭长的凸起和下凹相间组成，凸起部分称为波峰，凹下部分叫波谷。在层序正常的地区（岩层自下而上是由老而新）里，波峰尖端向上；在层序发生倒转的地层里，波峰的尖端必然向下。因此我们可依据波峰尖端的指向去判断地层层序是否正常。不过需要指出的是，我们在层面上看到的波痕，有时是真正的波痕，而有时是波痕的印模。印模恰好与波痕相反，即凸起部分相当于波谷，凹下部分相当于波峰。

浪成波痕一般波峰是对称的，在空间上的排列通常平行于海岩或湖岸。

水流波痕一般波峰不对称,波峰垂直于水流方向,向上游一端平缓,向下游一端较陡。常见于河流沉积物中,也可见于海洋、湖泊的沉积物中。在单向流动的广大面积内,波痕常是许许多多的,大致平行的中厚层灰岩面上不对称波痕明显。

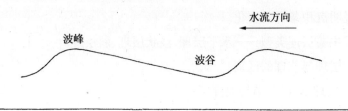

图 2-1 水流波痕剖面示意图

(3)缝合线:是指在垂直层面的切面中呈头盖骨接缝样子的锯齿状裂缝。

①大小:大小不一,其波状起伏宽度可达 10cm 甚至更大,也可以小于 1mm。

②形状:多种多样,微波起伏状,锯齿状,尖而陡峭的峰状。

③与层面的关系:可以是平行的,斜交的或垂直的,也可以是几组缝合线相交成网状。

④成因:压溶说——缝合线是在岩石遭到压力后发生不均匀的溶解而形成的。

缝合线在嘉陵江组第一岩性段比较发育。

(4)结核:结核是一种在成分、结构、颜色等方面与围岩有显著区别的矿物集合体。在白庙子长兴灰岩中可观察到燧石结核,在朝阳桥附近须家河组砂岩中可看到菱铁矿结核。

3.肉眼观察各类沉积岩

每种岩石都要观察它的颜色、构造、结构、组成等,然后定出岩石的名称。

各类沉积岩的特征见课本沉积岩部分。

(三)实习用具

记录本、铅笔、小刀、放大镜、地质锤。

(四)作业

肉眼鉴定沉积岩标本 10 块——碎屑岩类三块,粘土岩类二块,化学岩一块和生物化学岩四块。书写格式为:

标 本 号:＿＿＿＿＿＿＿＿＿

颜　　色:＿＿＿＿＿＿＿＿＿

构　　造:＿＿＿＿＿＿＿＿＿

组　　分:＿＿＿＿＿＿＿＿＿

胶 结 物:＿＿＿＿＿＿＿＿＿

岩石名称:＿＿＿＿＿＿＿＿＿

三、室内观察主要沉积岩

(一)碎屑岩和粘土岩

1. **角砾岩**(Breccia)——由角砾胶结成的岩石。应注意角砾的成分、形状及胶结物质。

2. **砾岩**(Conglomerate)——由浑圆砾石胶结成的岩石。应注意砾的大小、形状、胶结物质及砾石成分。

3. **砂岩**(Sandstone)——由砂土固结成的岩石,注意砂粒的粗细、颜色(颜色可作形容词,如红色砂岩)及胶结物质。

4. **页岩**(Shale)——由泥质物质固结成的岩石,无光泽,有土味,易剖成片,颜色常是命名的依据。

5. **泥岩**(Mudstone)——由泥质物质固结而成的岩石,无页理,具各种颜色。

(二)化学岩及生物化学岩

1. **石灰岩**(Limestone)——拥有白、灰、深灰、黄紫、黑等各种颜色，成致密状、鲕状、竹叶状等各种结构，或可见到各种生物的化石，基本成分为 $CaCO_3$，遇冷稀盐酸即起泡。

(1)普通石灰岩；

(2)鲕状石灰岩；

(3)竹叶状石灰岩和蠕虫状石灰岩；

(4)珊瑚石灰岩；

(5)纺锤虫石灰岩；

(6)海百合石灰岩；

(7)介壳石灰岩；

(8)藻类石灰岩；

(9)硅质石灰岩:含多量硅质，十分坚硬的石灰岩；

(10)白云质石灰岩:遇冷盐酸不起泡；

(11)白垩:白色粉末状、质软，原生动物遗体构造；

(12)石笋及钟乳石:洞穴沉积物；

(13)石灰华:疏松多孔的泉水沉积物。

2. **白云岩**(Dolomite)——酷似石灰岩，遇冷盐酸不起泡(碎为粉末，加稀盐酸稍有泡沸作用)，在盐酸中加热分解。

3. **泥灰岩**(Marlite)——石灰岩中泥质成分达 25% ~50%，称泥灰岩，并出现源质残余。

4. **硅藻土**(Diatomite)——质松多孔隙，可以碎成细粉，色白、灰白或土质，比重特小。

(三)可燃性有机岩

1. **煤**(Coal)

(1)泥煤:颜色、条痕均为褐色，无光泽，可以看出有机物质的残体，用火柴可以引起燃烧,但无浓烟。

(2)褐煤:颜色、条痕为黑色,或近黑色,无光泽,基本上不能见到有机物质的残体,用火柴可以引起明亮的火焰,有烟。

(3)烟煤:颜色、条痕为黑色,用蜡烛可以引起燃烧,火焰明亮,有烟。

(4)无烟煤:颜色、条痕为黑色,有光泽,蜡烛不能引起燃烧。

2. *油页岩*(Oil shale)——暗色,易分裂成为薄层,加热生出油,有石油味,并带烟。

3. *石油*(Oil)——棕黑色粘稠液体。

变质岩

一、变质岩的肉眼鉴定方法

变质岩的肉眼鉴定主要根据变质岩的特征矿物和特殊的构造来鉴定。

(一)特征变质矿物——新生矿物

特征变质矿物是在变质作用过程中新生成的矿物,包括绿泥石、绢云母、红柱石、蓝晶石、十字石、透闪石、矽线石、刚玉、硅灰石、符山石、滑石、叶蜡石、硬绿泥石等。如果这些矿物在岩石中出现,反映原岩已经变质,应归于变质岩类。

(二)变质构造

变质构造是经变质作用形成的构造。主要是片理构造(包括板状、千枚状、片状、片麻状等构造),其次是块状构造和条带状构造。如果这些构造在岩石中出现,反映原岩已经变质,应归于变质岩类,故变质构造是鉴定变质岩的重要依据之一。

板状构造——板岩;

千枚状构造——千枚岩；

片麻状构造——片麻岩、变粒岩；

块状构造——麻粒岩、石英岩、大理岩、角闪岩；

条带状构造——条带状混合岩。

（三）变质岩的命名

1. 热接触变质岩的命名

一般采用次要矿物＋主要矿物＋岩石基本名称的方法。岩石的基本名称根据矿物成分、结构、构造的不同，有以下几类：

（1）具变余结构，变余构造的：

在原岩名称前冠以"变质"二字和主要新生矿物的名称。如二云母变质石英砂岩。

（2）具变晶结构或（和）变质构造的：

①具定向构造的：

根据构造特征分别为板岩、千枚岩、片岩、片麻岩等。

②不具定向构造的：

角岩——具显微变晶结构、矿物成分作散布状或其他非定向排列的热变质岩都可称为角岩。

大理岩——主要由碳酸盐矿物组成。

石英岩——主要由石英组成。如含长石 10% ~ 25%，则称长石石英岩。

岩石的进一步命名根据矿物含量。含量 <5% 的不参加命名；含量 5% ~ 15% 的，冠以"含"字；含量 >15% 的，直接参加命名。含量较多的矿物名称放在后面，含量较少的放在前面。如矽线石红柱石云母片岩。

特征矿物含量虽 <5%，也参加命名，在矿物名称前冠以"含"字。

有时也将颜色或特征的结构、构造加以命名。如灰绿色条带状大理岩。

2. 区域变质岩的命名

（1）首先根据矿物成分（长石、石英、暗色矿物和特征矿物及含量）和结构、构造，定出岩类的基本名称。具体如下：

①具变余结构、变余构造的：在原岩名称前冠以"变质"二字，即变质××岩。

②具变晶结构或（和）变质结构的。

板　岩——具板状构造，隐晶质结构，变余结构。

千枚岩——具千枚状构造，显微变晶结构。

片　岩——主要由鳞片状、纤维状矿物组成，具片状构造，变晶结构（如鳞片状变晶结构，纤维状变晶结构）。

片麻岩——主要由鳞片状和粒状矿物组成，具片麻状构造，变晶结构（如鳞片粒状变晶结构）。

粒状岩（大理石、石英岩、角闪岩、变粒岩、麻粒岩等）——主要由粒状和纤维状矿物组成，块状构造、条带状构造，片麻状构造等，粒状变晶结构。

（2）进一步命名根据次要矿物 + 主要矿物 + 岩石基本名称的次序（参见热变质岩的命名）

3. 混合岩命名

（1）混合岩化变质岩——是指原岩局部发生混合岩化或混合岩化程度较轻微的变质岩。其特点为脉体数量很小，岩石仍以基体为主，交代结构不太发育，往往只局限于脉体本身，脉体和基体之间界线清楚。

对于这类岩石命名仍以原岩为基本名称，前面冠以"混合岩化"及其物质组分作形容词。如：含石英质细脉混合岩化黑云母片岩、花岗岩质条带混合岩化黑云母变粒岩、含钾长石交代斑晶的混合岩化云母片麻岩。

（2）混合岩——是指受到较强烈混合岩化作用的岩石，脉体的数量较多或占优势，脉体和基体的界线往往不太明显，有时甚至模糊不清；

交代结构普遍发育,外观上失去原来变质岩的基本特征而具有混合岩的特点。

命名首先根据构造(形态)特征定出基本名称,然后再根据脉体物质成分冠于基本名称之前。如:花岗细晶质网状混合岩、伟晶质条带状混合岩。

(3)混合花岗岩——以花岗岩类的定量矿物分类命名作为基本名称,前加"混合"二字,并可冠以片状,柱状矿物和主要长石种属的名称,有时还可以加列某些特殊的构造作形容词。如:黑云母斜长石混合花岗闪长岩、斑点状角闪石微混合花岗岩。

4. 交代变质岩的命名

主要依据蚀变矿物和交代的强度来命名。据此通常称之为"某某岩化"成"某某岩"。具体划分如表2-6:

表2-6　交代变质岩命名标准简表

交代强度			命　名		举　例
不完全	交代矿物含量%	<5	仍以原岩命名	××化+原岩名称	纯 橄榄岩 安山岩
		5~50	弱××化+原岩名称		弱蛇纹岩化橄榄岩
		50~95	强××化+原岩名称		强云英岩化花岗岩
完全		>95	以主要交代矿物直接命名		蛇纹岩、石英岩

5. 动力变质岩的命名

(1)根据碎裂的特征突出基本岩石名称,如破碎角砾岩、破裂岩、千枚糜棱岩、糜棱岩、糜棱千枚岩、糜棱片岩、玻璃岩和假熔岩等。

(2)根据原岩、应力性质或矿物成分等进一步命名。如花岗岩质构造角砾岩,压性构造角砾岩,斜长石石英糜棱岩,碎裂斑岩等。

二、主要变质岩的观察

(一)气成水热变质作用形成的变质岩

1. **蛇纹岩**(Serpentinite)——致密块状,多为暗绿色,主要矿物是蛇纹石和少量的橄榄石、辉石。间有石棉、滑石等,但肉眼难于辨认其特征,具有蜡状光泽,并有滑感。

2. **云英岩**(Greisen)——粉白色的粒状岩石,主要矿物为白云母和石英,但间或含有萤石和电气石,黄玉、锂云母等气热矿物。

(二)接触变质作用形成的变质岩

1. **矽卡岩**(Skarn)——一般颜色比较深暗,主要由钙铁石榴子石、钙镁辉石、绿帘石等组成,间有少量硅灰石、镜铁矿等,一般为粗粒至中粒变晶结构,比重较大。

2. **大理岩**(**大理石**)(Marble)——主要矿物为方解石或白云石,由于所含杂质不同,可以形成各种色泽美观的花纹,比重 3 ~ 3.5,硬度小,呈等粒状结构,块状构造。

3. **石英岩**(Quartzite)——主要矿物是石英,一般为白色,含有铁质时成红色,质地坚实,呈粒状结构,块状构造。石英粒与硅质胶结物紧密无间,浑然一体,硬度特大。

4. **角岩**(**角质岩**)(Hornfels)——为致密块状,微晶质的岩石,一般呈暗灰色或暗土红色,硬度较大,无片理构造,时有红柱石变斑晶出现。(菊花石是红柱石角质岩的另一形象化的美称,产于北京西山,晶体呈放射状,似菊花。)

(三)动力变质作用形成的变质岩

1. **板岩**(Slate)——具明显的板状构造,板理面上略有光泽,颜色各种各样。岩性均匀致密,硬度较大,敲击响声清亮。

2. **糜棱岩**（Mylonite）**和碎裂岩**（Cataclastic rock）——二者都是断裂作用过程中形成的岩石。前者颗粒细碎,后者为具棱角的碎块组成,都是断层带所特有的岩种,组成物质就是断层两侧岩层或岩体的岩石。它们是断层的主要地质标志,碎裂岩亦称断层角砾岩。

（四）区域变质作用形成的变质岩

1. **千枚岩**（Phyllite）——主要矿物成分是绢云母、石英、绿泥石等。一般称隐晶鳞片状结构,千枚构造,呈丝绢光泽,颜色多样。

2. **片岩**（Schist）——全晶质,具片理,矿物肉眼可以识别。种类多,常以变晶和主要的片状矿物为命名的依据。

①云母片岩（Mica schist）——又可分绢云母片岩（Sericite schist）、白云母片岩（Muscovite schist）等。其含有石榴子石、十字石等,则分别命名为:石榴子石云母片岩、十字石云母片岩等。

②绿泥石片岩（Chlorite schist）——主要由绿泥石组成,呈绿色,略有滑感。

③滑石片岩（Talc schist）——主要由片状滑石组成,多浅色。一般当滑石矿开采。

④石墨片岩（Graphitic schist）——主要由石墨组成,质轻,污手,有滑感。量够者即为石墨矿床。

⑤石英片岩（Quartz schist）——主要由石英和长石（二者 > 50%）组成。据所含其他矿物不同而命名,如绿泥石石英片岩、云母石英片岩等。

3. **片麻岩**（Gneiss）——具明显片麻构造。全晶质、颗粒较粗大,常为等粒或斑状变质结构。主要矿物成分为石英、长石、云母和角闪石等,常有少量的石榴子石、硅线石和石墨等变晶矿物。颜色深浅相间成带状。命名以主要矿物和结构为依据,如:黑云母斜长石片麻岩、眼球状片麻岩等。

4. 麻粒岩（Granulite）——具粗粒状结构而微呈片麻状构造的变质岩。主要矿物为长石、辉石和石榴子石等,云母和角闪石少见。

5. 角闪岩（Amphibolite）——具块状构造,片理构造。主要由角闪石和斜长石组成,呈黑或黑绿色。如片理清楚则算为角闪片岩。

三大岩类野外基本工作方法

岩石的鉴定方法是从事野外地质工作的基础,岩石的许多特征需在较大范围露头上观察才能得出正确结论,有些岩石的正确鉴定和命名也必须结合野外观察结果。野外观察的基本内容和程序包括以下要点:

（1）首先根据矿物成分和共生组合（表 2-7）以及特征的结构构造（表 2-8）,并结合岩石的产状特征,将所观察的岩石区分大类,即属于岩浆岩（侵入岩、火山岩）、沉积岩、变质岩中的哪一类。

表 2-7　三大类岩石中主要造岩矿物的分布情况简表

矿物名称（类）	主要在岩浆岩中出现	岩浆岩和变质岩	主要在变质岩中出现	沉积岩和变质岩	主要在沉积岩中出现*	三大类岩石中均有
二氧化硅	磷石英				蛋白石、玉髓、燧石	石英
富铝矿物		尖晶石	刚玉	水铝石	水铝石	
富含铝的硅酸盐			红柱石、蓝晶石、矽线石、叶蜡石、十字石、堇青石、硬绿泥石、硅灰石硬玉	高岭石、地开石	粘土矿物	

（续表）

矿物名称（类）	主要在岩浆岩中出现	岩浆岩和变质岩	主要在变质岩中出现	沉积岩和变质岩	主要在沉积岩中出现*	三大类岩石中均有
碱质或钙质铝硅酸盐或钙铝质硅酸盐	歪长石、白榴石、方钠石、黝方石、蓝方石	钾长石、白云母、斜长石、霞石	浊沸石、方柱石、绢云母、钠云母、帘石类、钙铝榴石、符山石	钾长石、斜长石	粘土矿物	钾长石、白云母、斜长石
含铝的铁镁质硅酸盐和铁镁质铝硅酸盐及铁镁质硅酸盐	玄武角闪石、霓石	铁铝榴石、碱性角闪石、镁铁闪石、斜方辉石、铁镁橄榄石	铝石榴石、绿泥石、含铝的阳起石、蓝闪石、滑石、蛇纹石、直闪石、硅镁石		海绿石	黑云母、金云母、部分石榴石
钙镁质和钙质硅酸盐	黄长石	透辉石	透闪石、阳起石、钙镁橄榄石、钙铁辉石、镁蔷薇辉石、硅灰石			橄榄石、角闪石、辉石、榍石
碳酸盐		碳酸盐矿物		碳酸盐矿物		碳酸盐矿物
碳质			石墨		有机碳质	
其他		方镁石		重晶石、硬石膏、萤石	硫酸盐和卤化物矿物	磁铁矿、钛铁矿、磷灰石、锆石、金红石

注：* 沉积岩中的重砂矿物未列入表内。

表 2-8　三大类岩石结构构造产状分布特征对比简表

	岩浆岩	沉积岩	变质岩
结构	粒状结晶、斑状结构、似斑状结构 玻璃质结构、火山碎屑结构、熔结火山碎屑结构、伟晶结构	陆源碎屑结构:砾状、砂状、粉砂状、泥质等碎屑结构 粒屑结构:内碎屑、鲕粒、生物碎屑结构等 结晶结构(碳酸盐岩) 非晶质结构(硅质岩类)	变余结构 变晶结构:粒状变晶、鳞片变晶、纤维状变晶、斑状变晶、角岩结构 碎裂结构、糜棱结构
构造	侵入岩构造:块状、斑杂状、条带状构造 喷出岩构造:气孔、杏仁、流纹、枕状等	层理构造 层面构造:波痕、冲刷、槽模等 生物构造:虫孔、爬迹等 化学构造:晶痕、结核、缝合线等 变形构造:浊流构造等	变余构造 变晶构造:板块、千枚状、片状、片麻状、块状构造 混合构造
产状	多以侵入体出现,少数为喷发岩,呈不规则状	有规律的层状	随原岩产状而定
分布	花岗岩、玄武岩分布最广	粘土岩分布最广,其次是砂岩、石灰岩	区域变质岩分布最广,其次为接触变质岩和动力变质岩

（2）在分大类的基础上,进一步根据各类岩石的鉴定要点、命名方法对岩石进行鉴定和命名,并详细描述和记录岩性。

（3）在较大范围露头内,观察和测量重要的、有意义的结构构造,如花岗岩体的构造,沉积岩的波痕和层理构造,变质岩的片理等;观察和测量具有特殊意义的物质成分,如斑晶、包体、砾石等。

（4）观察和测量岩石的产状,如岩石产出的位置、形态、规模和大小、与周围岩石的关系、岩体内部的分带性等。

（5）根据研究程度不同和内容的需要,采集标本和样品。一般应尽量采集新鲜岩石,应注意样品的代表性、数量充足,及时编写号码,并于图中(地质图、剖面图等)标注采样位置。

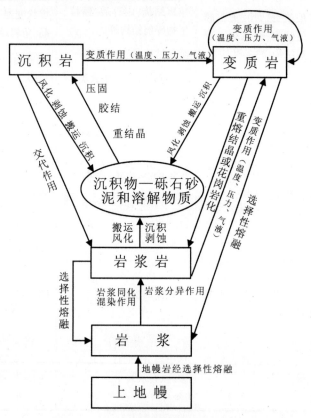

图 2-2　三大岩类的形成及其相互关系图

课堂讨论题

三大类岩石和矿床的成因及其类型;三大类岩石的区别及其相互关系(见图 2-2)。

具体分列下列小题目：

1. 岩浆岩和岩浆矿床的成因及其主要类型；

2. 与超基性、基性岩有关的矿床有哪些？有何特征？

3. 与中、酸性岩有关的矿床有哪些？有何特征？

4. 沉积岩和外生矿床的成因及其主要类型；

5. 变质岩和变质矿床的成因及其主要类型；

6. 三大类岩石的区别及其相互关系。

岩石实习

第三章

地质图的阅读和分析

认识地质图　读水平岩层地质图

一、目的要求

1. 明确地质图的概念,熟悉地质图的主要内容和规格,了解阅读地质图的一般步骤和方法;

2. 掌握水平岩层在地质图上的特征。

二、预习内容

1. 复习地图学中关于阅读地形图的知识;

2. 预习本节第四部分的说明。

三、实习工具

1. 太阳山地区地质图,斑岭地质图;

2. 实习用纸。

四、说明

(一)地质图的读图步骤和方法

地质图是用规定符号、色谱和花纹将地壳某部分各种地质现象(地层、岩石、构造、矿产等等)按比例概括投影到平面(地形图)上的图件。

阅读的步骤和方法如下。

1.了解地质图的基本规格

一幅正式的地质图应该有图名、图例、比例尺、编制机关和编图人、编制时间等。另外还应该附有横过全区主要构造的剖面图和全区的综合地层柱状图。

（1）图名：图名必须表明图幅所在地区和图的类型。如《四川省地质图》《重庆市地质图》等。如果面积很小的大比例尺地质图，如《南温泉地质图》，因地名很小，不被人所知，常在小地名前加上所属更大区域的名字，如《重庆市南温泉地质图》。图名常用整齐美观的大字书写，一般写在图的正上方。

（2）比例尺：可以表明图幅反映实际地质情况的详细程度。比例尺有三种类型。

①数字比例尺：如1∶50000,1∶200000,即用数字来表示地质图与实际情况之间的缩尺关系。

②线条比例尺：从0点开始右端为整数，左端为分数。如：

有了线条比例尺，便容易在图上直接测量距离。

③自然比例尺：即图上1厘米相当于真正的水平长度，如1cm＝1km,1cm＝500m。

比例尺一般标注于图框外，上、下方正中位置。

（3）图例：不同类型的地质图有不同的图例。

①一般地质图图例：首先用各种规定的颜色和符号来表明岩石的时代和性质，然后再表示出地质界线、构造、产状要素等符号，图例通常放在图的右边或下方，如果图框内有足够空间安放图例的话，也可以放在图框内。

②地层时代图例：其顺序是自上而下由新到老排列。地层时代图

例都画成大小为 0.8cm×1.1cm 或 0.8cm×1.2cm 的长方形格子,加注花纹,再涂上颜色,注上代号,排成整齐的行列,在方格左面注明时代,右面注明岩石性质。

③没有确定时代的岩浆岩放在地层图例的后面,按酸性程度排列,与之相当的喷出岩则排在这一侵入岩之前。

④没有确定时代的变质岩按变质程度的深浅由浅而深自上而下排在岩浆岩的后面。

已确定时代的喷出岩、变质岩要按时代顺序排列在地层图例相应的位置中,图上出露的岩层都要有它的图例,反之图上没有出露的岩层图例也不应该有。

⑤图例中的构造符号,放在所有地层岩石符号的后面。一般的顺序是这样:地层界线、岩层产状要素、断层、褶曲轴、裂隙等(已确定的与推测的要注明)。

⑥地质图上表示各种符号的颜色也是一定的。地质界线用黑色,断层线用鲜红色,河流用浅蓝色,地形等高线用棕色,城镇和交通网用黑色。

(4)图框外面要注明编图机关和编图人,编图日期,引用的资料来源和出版日期。

(5)为了表明该图所代表的地理位置,在小比例尺图上要画经纬线。如果该图是国际地图分幅中的一幅,则应注明它的代号(在图名下面)。

(6)地质剖面图:一幅正式的地质图应该附有一张或两张切过全区主要地层、构造的图切剖面图,它是地质剖面图中最常见的一种,是反映地下构造形态的图件,结合对平面地质图的分析,有助于我们从三维空间来认识和恢复地质构造形态。一般附在地质图的下方,也可另纸。

(7)一幅正式的地质图上应该附有全区的综合地层柱状图,表明地层接触关系,以及与岩浆侵入体之间的关系。一般附在地质图的右边,也可以画在另一张纸上。

2. 分析地形特征

地形分析是全面了解地质内容的前提。在大比例尺（1∶50000～1∶10000）地形地质图上，通过地形等高线和河流水系的分布来了解地形分布的特点。在中小比例尺（1∶100000～1∶500000）地质图上，主要根据河流水系的分布、支流与主流的关系，山势标高变化等来了解地形特点。要注意地层分布和地形的关系，从中找出地层分布的规律。

3. 分析地质内容

这是我们读图的主要内容，一般分析的项目有：

（1）地层：分析图区地层时，最好先从老地层开始，应用图例结合柱状图进行阅读，了解它们的时代、分布、岩性特征和产状。这样由老到新，由内至外逐层阅读，并逐层了解地层的接触关系，其关系在地层柱状图上有专门符号表示。

（2）构造：分析褶皱构造的形态特点（背斜、向斜）、空间分布（孤立或连续，平面排列类型）和形成时代；分析断裂构造的类型、规模、空间分布和形成时代。如何认识褶皱、断裂在地质图上的特征，以后有专门介绍。

（3）岩浆岩和变质岩的类型、产状、时代、分布及其相互关系，岩浆岩和变质岩出露区的构造等。

（4）地质发展史的分析。

（二）水平岩层在地质图上的特征

1. 地质界线与地形等高线互相平行或一致，水平岩层同一层面的标高是相同的，因此它在地表出露的界线——地质界线也必然是等高的。基于这样一个原理，地质界线必然和地形等高线互相平行或一致，这是最重要的特征，因此它也具备了和地形等高线相似的特征（图3-1）。

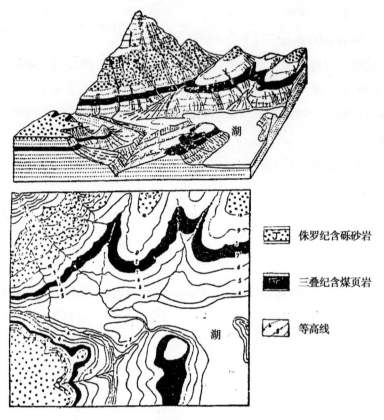

图 3-1　水平岩层在地质图上的特征（示意图）

图例：
- 侏罗纪含砾砂岩
- 三叠纪含煤页岩
- 等高线

（1）在沟谷里"V"字形，其尖端指向上游；

（2）在山脊，其尖端向下游；

（3）在山头或凹地呈封闭圈状。

2. 新岩层总是位于高处，老岩层总是位于低处；水平岩层由于没有剧烈的变形和位移，基本上保持了上新下老的原生产状，因此经过侵蚀切割，在山头、山脊处总是残留着年轻的岩层（图3-1）。

3. 岩层出露宽度（岩层顶面和底面在地面上的出露线之间的水平投影宽度）取决于岩层厚度（等于岩层顶面和底面的高度差）的大小和地形坡度的大小（图3-2）。

（1）当地形坡度不变时,出露宽度与岩层的厚度成正比,即厚度愈大则出露宽度愈宽；

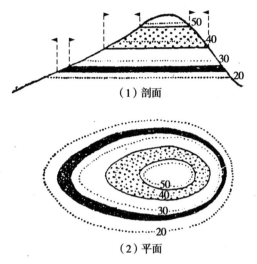

（1）剖面

（2）平面

图3-2　水平岩层露头宽度与坡度和岩层厚度的关系

（2）当厚度不变时,出露宽度与坡度大小成反比,即坡度愈大则宽度愈窄,当坡度等于90°时,岩层出露宽度等于零,故在陡壁处水平岩层顶面和底面地质界线重合。

五、作业

1.斑岭地质图有什么特征?将图中出露的地层由新到老自上而下填在图例上。

2.作斑岭地区 NW—SE 向地质剖面图(水平比例用1∶10000,垂直比例尺用1∶5000)。

读倾斜岩层地质图并作剖面图

一、目的要求

1. 了解倾斜岩层在地质图上的表现特征；
2. 学会绘制倾斜岩层图切剖面图的方法；
3. 学会在地质图上求岩层产状要素的方法。

二、预习内容

1. 复习岩层产状要素的概念；
2. 预习本节第四部分的说明。

三、实习用具

1. 嘉阳坡地区地形地质图；
2. 三角板、量角器、铅笔、圆规、剖面图用纸。

四、说明

（一）倾斜岩层在地质图上的表现特征

倾斜岩层地质界线与地形等高线相交，在平面图上山脊和沟谷处都表现为"V"字形，并且有一定的规律，即所谓"V字形法则"——地质界线的弯曲和地形等高线的弯曲之间的相互关系：

1. 岩层倾向和地面坡向相反时，地质界线"V"字形尖端和等高线突出方向一致，但岩层出露宽度较为狭窄，可以概括为"向反—线同—窄"（图3-3）。

2. 岩层倾向和地面坡向相同时有两种情况：

（1）岩层倾角大于地面坡角：地质界线"V"字形尖端和等高线突出

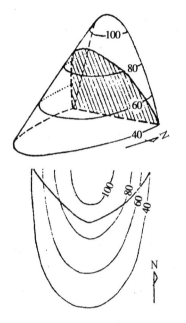

图3-3 岩层倾向与地面坡向相反

方向相反,可以概括为"向同—线反"(图3-4);

（2）岩层倾角小于地面坡角:地质界线"V"字形尖端和等高线突出方向相同,但地层出露宽度较为宽阔,可以概括为"向同—线同—宽"(图3-5)。

以上三种情况,反映出倾斜岩层地质界线形态主要受岩层倾角大小以及岩层倾向和地面坡向这三个因素决定。熟练掌握它,有助于我们建立立体—平面—立体的空间概念,是我们填图、读图的重要法则。

(二)图切地质剖面图的规格

1. 图名

当附在地质图上时,一般名称仅以剖面号代表即可,如:例Ⅰ—Ⅰ剖面图。如果单独绘制时,必须有大的地名及反映剖面所通过的主要地名,如南江地区两河口—汶水地质剖面图。

2. 比例尺

剖面图和地质图的水平比例尺及垂直比例尺应当一致。否则,反

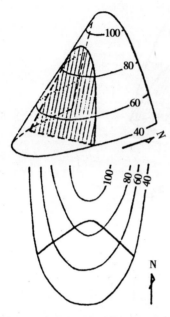

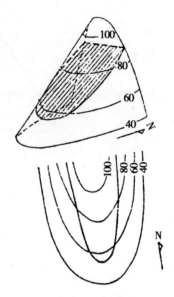

图 3-4　岩层倾向与地面坡向一致，
　　　岩层倾角大于地面坡角

图 3-5　岩层倾向与地面坡向一致，
　　　岩层倾角小于地面坡角

映的剖面构造形态失真。垂直比例尺一般用线条比例尺表示在剖面两端的垂线上,其起点比本剖面通过的最低点稍低即可;水平比例尺一般在剖面图与地质图分开时才表示。

3.剖面图的边界与方位

剖面两端以两根垂线(即垂直比例尺)控制住剖面边界,下面以选定某标高的一根水平线作为剖面基线,上面以地形起伏线作为上界。其上注明所经山、河、城镇,而垂线上端注明剖面方向或方位角,为美观起见,同一种性质的文字应排在同一水平高度。

4.图例

当不附在地质图上时,必须画出相应的图例。

5.地质界线和岩性

根据剖面所切岩层顺序、产状和构造情况,标出和推测出地质界线。岩性花纹深度一般在图上为 1cm,分层界线稍长,1.5cm 左右,按规定符号或颜色表示出地层的岩性。

6. 剖面位置

在地质图上用细线标出图切剖面位置,两端注上代号。

7. 剖面图的放置

一般放在图框的下面。剖面不只一条时,要按剖面线编号依次排列。南北向剖面,南端放右方,北端放在左方。其余的,凡剖面端点在地质图左边的,一律放在左边;在右边的一律放在右边。

(三)绘制图切剖面图的方法

1. 读图

分析全区地形特征,地层分布、层序及产状变化,为选剖面位置作准备。

2. 选择剖面线

应与岩层倾向基本一致,即剖面线尽量垂直岩层走向,尽量使视倾角忠实于岩层的真倾角,剖面线所切割的地方必须地层出露最多,同时也兼顾地形起伏最大的地方,选定后标在地质图上,注上代号。

3. 作地形剖面

根据剖面放置原则,在绘图纸上画出剖面基线,其长短与剖面线一致,两端画上垂直比例尺,按等高线距作一系列平行基线的水平线(有方格线时则可不必),其数目比剖面通过的等高线多一两条即可。然后将剖面线和地形等高线的交点一一投影到相应的高度水平线上(见图3-6虚线),根据实际地形以曲线连接各点,即得地形剖面。

4. 完成地质剖面

将剖面线与地质界线的各交点投影到地形剖面上(见图3-6虚线),按岩层倾向和倾角(或视倾角)大小作出地质界线,在界线之间注上岩性花纹和地层时代,例图3-6中 T_1^3 为页岩符号。

5. 整饰图件

按地质剖面图规格,整饰剖面图的内容。

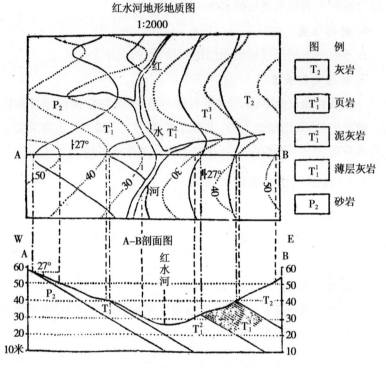

红水河地形地质图

1:2000

图　例

T_2	灰岩
T_1^3	页岩
T_1^2	泥灰岩
T_1^1	薄层灰岩
P_2	砂岩

图 3-6　倾斜岩层剖面图的绘制示意图

（四）在地形地质图上求岩层产状的方法

其作图步骤如下（以图 3-7 为例）

1. 岩层走向的确定

同一岩层界线上等高两点的连线就是走向线，因此，我们把同一岩层线与相邻二等高线的交点 Ⅰ、Ⅰ′和Ⅱ、Ⅱ′相连，得两条走向线 ⅠⅠ′和ⅡⅡ′。用量角器量走向线的方位角就代表岩层的走向。（注意：是作同一岩层界线上相邻的两条走向线，而不是作不同岩层界线上相邻的两条走向线。）

如果某一岩层界线只有一点与等高线相交，可以从这一点作与其他相邻岩层（整合关系）走向线的平行线，即为这一岩层的走向线，因为同一岩层面上的走向线是平行的。

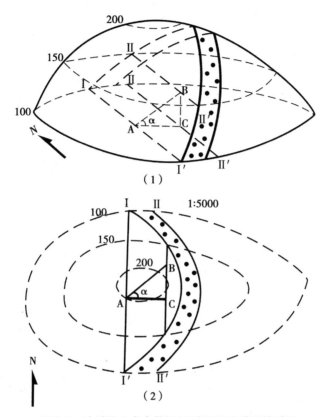

图 3-7　地质图上求产状(1)透视图(2)地形地质图

2.岩层倾向的确定

作两条走向线之间的垂直线 CA,箭头由高指向低,量取 CA 方位角则代表岩层的倾向。

3.岩层倾角的确定

根据两条走向线的高差,按比例尺截取 BC,连接 BA,得三角形 ABC,用量角器量取 $\angle BAC$ 即得岩层倾角 α。

五、作业

在嘉阳坡地形图上作 A—B 线图切剖面图。

读褶皱区地质图并作剖面图

一、目的要求

1. 掌握读褶皱区地质图的方法和步骤；

2. 掌握褶曲形态的分析、描述方法及形成时代的确定；

3. 学会作褶皱区图切剖面图的方法。

二、预习内容

1. 教材中有关褶曲要素的概念，褶曲的形态分类；

2. 复习作褶皱地区图切剖面图的做法；

3. 预习本节第四部分的说明。

三、实习用具

1. 朝云岭地质图；

2. 剖面图用纸、三角板、量角器、铅笔、橡皮擦、小刀。

四、说明

（一）单个褶曲形态的分析

1. 区分背斜和向斜

主要根据褶曲核部和翼部地层的新老关系来区分。核部是老岩层，两侧依次对称地排列着新岩层者为背斜，核部是新岩层而两侧对称地排列着老岩层者为向斜。

2. 确定两翼的产状

（1）如果图上已标有产状符号，则可直接读出两翼产状。

（2）如果图上未标产状符号，可根据同一岩层出露宽度的差异来定性地确定两翼倾角的相对大小，当两翼地面坡度近似时，同一岩层出露宽的一翼倾角小，窄的一翼倾角大。

（3）确定两翼岩层产状是否倒转，通常在褶曲的倾伏端岩层产状总是正常的，如果翼部岩层发生倒转，则在倒转部分和倾伏端之间总有一段产状是直立的，而直立部分岩层露头宽度最窄。扇状褶曲两翼均有倒转部分，因此，由两翼倒转部分向两个倾伏端的正常部分过渡时，都出现露头最窄的直立段。

3. 推测轴面产状

两翼岩层倾向相反、倾角相等，则说明轴面直立，除此之外，轴面都是倾斜的。斜歪和倒转褶曲，无论背斜或向斜，其轴面均与缓翼倾向一致，根据轴面及两翼产状可将直立、斜歪、倒转、扇形等褶曲加以区别。

4. 分析轴线

轴线在地质图上表现为同一褶曲各岩层转折端中点的连线，即通过褶曲倾伏端各点的连线，此线所示方向即代表褶曲延伸的方向。轴线的长短说明褶曲的大小和长短。褶曲两翼同一岩层的出露线沿轴线方向的长度与垂直轴线方向的宽度之比即褶曲的长宽比，按长宽比可将褶曲分为线形、长圆形和浑圆形褶曲三种类型。

5. 分析枢纽

这是了解褶曲在轴线方向产状变化的内容。我们主要依据两翼在其走向会合处"V"字尖端的指向来认识。如果地形高差没有明显变化而褶曲两翼同一岩层沿走向相交呈"V"字形，则说明该褶曲枢纽是倾斜的，背斜"V"字形尖端指向倾伏方向，向斜"V"形尖端指向扬起方向。

水平褶曲在地质图上的表现是褶曲两翼同一岩层沿走向互相平行。真正绝对的水平褶曲在自然界是没有的，只是在长而大型的倾伏褶曲中，有某一段枢纽呈近于水平状态。水平褶曲在地形起伏的影响下可以产生核部岩层宽窄变化和类似转折端的地层界线封闭。

枢纽通常向两端倾伏或扬起，也有呈波状起伏的形态，若枢纽呈波状起伏，则其平面特征（地质图上）表现为核部的宽度忽大忽小或界线多次闭合。

6.转折端形态的认识

褶曲转折端的形态特征无论在剖面上或平面上都是一致的，就是说褶曲倾伏端地层界线的弯曲形态大致反映了褶曲在剖面转折端的形态。因此，根据倾伏端在平面上是"V"字形、圆弧形就可确定褶曲在剖面上转折端的形态为尖楞形、浑圆形或箱形等。

7.单个褶曲形态的描述

一般包含以下内容：褶曲名称（地名＋褶曲性质）、位置、轴的延伸方向、褶曲长宽比例、组成核部地层、两翼的地层、两翼产状、轴面和枢纽产状、转折端的形态、次一级褶曲的特点以及褶曲被断层或岩浆岩体破坏情况等等。今以《重庆及其邻区地质图》中观音峡背斜为例来说明单个褶曲形态的描述方法，供大家参考。

观音峡背斜：是华蓥山复式背斜的主轴，北起广安的天池、南延至长江猫儿峡，全长约 220 千米；该背斜轴向大致呈 NE25°，轴线弯曲，枢纽不水平，时倾时仰；核部最老地层为二叠系，两翼依次为三叠系、侏罗系，在白庙子地区，背斜核部地层为长兴组（P_3c）石灰岩，两翼为三叠系的飞仙关组（T_1f）、嘉陵江组（T_1j）、雷口坡组（T_2l）、须家河组（T_3xj）；轴面倾向南东，地层倾角南东翼缓，北西翼陡；背斜轴部和北西翼逆断层发育，轴部岩层（T_1f）柔皱变形明显，小褶曲发育；枢纽向南倾伏，为一不对称的斜歪背斜。

（二）褶曲组合形态的分析

可按平面和剖面分别进行。

1.平面上

应注意褶曲轴线排列规律，分别确定褶皱的类型，如平行状、边幕式(雁行状)、分枝状、帚状、弧形等等。

2. 剖面上

应注意褶皱规模(级别)两翼产状和轴面排列规律等,从而判断复背斜、复向斜、隔槽式褶皱、隔档式褶皱和等斜褶皱等类型。

五、褶皱形成时代的确定

地壳运动形成褶皱构造,参加褶皱的地层与褶皱运动后形成的地层之间必然形成角度不整合。因此,褶皱形成时代可根据地层间的角度不整合关系来判断,即褶皱发生于不整合面下最新地层时代与不整合面上最老地层时代之间。

角度不整合在地质图上的表现特征:地层时代不连续;新岩层界线切割了老岩层界线,新、老岩层产状和构造形态不一致。

(三)绘制褶皱地区图切剖面图的方法和步骤

1. 读图:这是作图的前提,方法在上面已讲。

2. 选择剖面线:尽可能垂直全区褶皱轴向,并通过全区主要构造,然后将剖面线标在地质图上。

3. 标出剖面线所通过的褶曲的位置,背斜用"∧",向斜用"∨"符号表示(如图 3-8 剖面线上的符号)。并将次一级潜伏褶曲轴线延长与剖面线相交,用同样的方法标出次一级褶曲的位置。

4. 绘出地形剖面:方法前面已讲过。

5. 绘地质剖面:将剖面线与地质界线的交点投影到地形剖面线上。投影地质界线时应注意以下几点:

(1)剖面切过角度不整合面时,先绘不整合面及其以上地层,再绘其下的地层,不整合面以下地层界线可顺地层走向延至剖面线上,如图 3-8 中的 m 点即是,再将该点投到剖面中不整合面上。

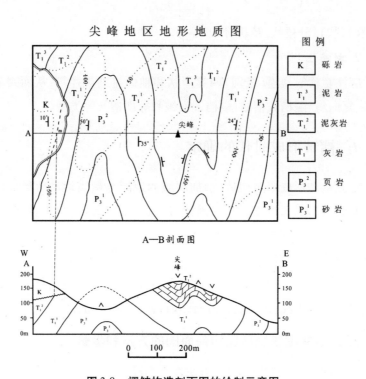

图 3-8 褶皱构造剖面图的绘制示意图

（2）画褶曲时，应先从核部开始，然后向两翼扩展，表示出发育的次级褶皱来。

（3）当剖面切过断层线时，先画断层，再绘其他附近的构造。

（4）当剖面斜交地层走向时，必须以视倾角来画地层线（计算或查表）。

（5）同一翼整合地层产状变化时的校正：由于岩层倾角局部变陡（或变缓）而造成褶曲一翼上下岩层倾角（指整合的地层）相差很大时，就必须兼顾上下岩层产状进行校正，使之逐步过渡到与主要产状一致（见图3-9）。

（6）剖面线上未注明倾角的地层可根据同翼相邻地层已知产状绘制。

（7）转折端形态，必须和平面地质图上倾伏端或扬起端形态一致，并考虑轴面倾斜方向。

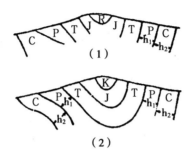

图3-9 根据同一层厚度校正两翼岩层产状 （1）校正前；（2）校正后

6.按剖面图规格加以整饰。

六、作业

1.分析描述朝云岭地区地形地质图各主要褶曲形态及形成时代。

2.作朝云岭地区 A—B 图切剖面图。

读断层地区地质图并作剖面图

一、目的要求

1. 学会读断层区地质图;

2. 学会在地形地质图上求断层产状。

二、预习内容

1. 复习断层要素、断层性质的判定;

2. 复习图切剖面图的作法;

3. 预习本节第四部分的说明。

三、实习工具

1. 清凉山地质图;

2. 剖面图用纸、三角板、量角器、铅笔、橡皮擦。

四、说明

(一)断层发育区简要地质特征的分析

1. 研究区内出露的地层,建立地层层序的概念;

2. 判定不整合时代(及岩浆侵入时代);

3. 研究岩层新老分布及岩层产状,确定区内褶皱类型、形态及轴向。

(二)断层性质的分析

1. 断层面产状的判定

断层面可看作单斜岩层的层面,因此可以根据断层面出露线与地形等高线的关系判定断层面的走向、倾向及倾角。如无地形等高线则按"V"字形法则大致判定断层面是直立的、陡倾的或缓倾的。

2. 断盘位移方向的确定

(1)走向断层或纵向断层:岩层出露较老的一盘(老盘)为相对上升盘,只有当断层倾向和岩层倾向一致,而断层倾角较岩层倾角小,地层倒转时例外;

(2)横向或斜向断层破坏褶曲时,背斜核部变宽或向斜核部变窄,一般为相对上升盘,平移断层除外;

(3)断层横向或斜向切穿倾斜岩层,则岩层界线向该岩层倾向方向移动的一盘为相对上升盘。

3. 断层两盘岩层重复与缺失的分析

4. 断层性质的确定

根据以上三项分析,断层性质就不难确定了。

5. 如断层线为封闭线,则可能为飞来峰或构造窗

(1)在较高地带出现时代较周围岩层老的地层为飞来峰;

(2)在较低洼地带出现时代较周围岩层新的地层则为构造窗。

(三)断层之间及断层与其他构造形态之间的组合关系的分析

1. 断层与褶皱的组合形态关系的分析

根据区域内褶皱轴向可以判定区域内的最大主应力方向。再根据断层产生的部位,断层面的产状与层面及褶皱轴面产状之间的关系,可判定断层的力学成因及其与褶皱的关系。与褶皱作用密切相关的断层有:

(1)纵向逆断层或逆掩断层:走向与褶皱轴一致,倾向往往与褶皱轴面倾向一致,发生在斜歪褶曲的陡翼或倒转背斜的倒转翼,由最大主应力挤压发展而成;

(2)横向正断层:与褶曲轴向垂直,由区域最小主应力拉张而成;

（3）斜向平移断层：一般与最大主应力呈小于45°的角度，由最大剪切应力形成，多成组出现，多为共轭的两级，两组交角的锐角等分线为最大主应力方向；

（4）纵向正断层：限于背斜轴部，是局部性张应力造成的次一级构造。

2. 断层组合形态分析

（1）平面上：分析各类断层是否有平行状、边幕状（雁行状）、同心状（环状）、放射状的组合；

（2）剖面上：分析各类断层是否有叠瓦状或鳞片状、地堑状、地垒状或阶梯状等的组合；

3. 确定断层时代

在地质图上可以从以下几方面去考虑：

（1）根据角度不整合：断层总是晚于被切割的最新地层，但是早于不整合面以上未被切割的最老的地层；

（2）断层切割已知时代的断层或岩体时，则相对比被切割的断层或岩体晚；若断层为岩脉、岩体充填时，则断层比岩脉、岩体早；

（3）互相切割的两组断层，一般为同时形成；

（4）参照区域地质情况，并考虑断层和褶皱在成因上、力学上的共生组合规律来分析，也可判断其时代。

（四）断层的描述

1. 描述的内容

（1）断层名称（地名 + 断层类型），延伸方向，长度及通过的主要地点；

（2）断层的产状；

（3）断层两盘出露地层及产状，地层重复、缺失情况，两盘相对位移方向；

（4）断距大小；

（5）断层与褶皱构造的关系；

（6）断层的形成时代及力学成因。

2. 实例

现以"华蓥山断裂带地震地质条件的探讨"一文对天府断裂带的描述为例来说明断层的描述方法，供大家参考。

天府断裂带：北起大田坝附近之木连伞，南至北碚小岚垭附近之天台寺，长约 10 千米。断层带发育在观音峡背斜东南陡翼上，为走向北东 30°左右的 3 至 5 条冲、逆断层所组成，断层切割背斜核部，往北东方向延伸，横向成逆叠瓦状断层组出现，断层面倾向北西，主断层面倾角较大，为 70°～80°，次断层面倾角自西向东逐步变小，形似重叠的"V"字形。

（五）作断层地区图切剖面图

除和以往作法相同外，须注意以下几点：

（1）在绘地质内容时，应先绘时代新的断层，然后绘老断层、褶皱、倾斜岩层等。如果有角度不整合的现象存在，则先绘不整合面上的地层及构造。

（2）剖面和断层、地层走向斜交时，应将真倾角换成视倾角后再画剖面中的地质界线。

（3）断层上下盘中的地质界线不能穿过断层线，断层下盘未出露的地层可以根据邻近出露的地层及厚度绘出。

（4）在断层线两侧上下盘应以箭头注明断盘位移方向，平移断层例外。

（5）如地质图上未标出断层的产状要素，则要求标出断层的产状要素，其方法和倾斜岩层产状求法相同。

五、作业

1. 作清凉山地区地形地质图的图切剖面图。
2. 对清凉山断层进行描述。

综合分析地质图

一、目的要求

掌握综合分析具有褶皱、断层和岩浆岩体的地质图的方法,并简述各类构造的特征和构造发展史。

二、预习要点

1. 褶皱和断层的组合,岩浆岩体与褶皱和断层的关系;
2. 如何在地质图上判读褶皱、断层和岩浆岩体的形成时代。

三、说明

(一)地质构造的综合分析

基本方法是先认识各类构造形态特征,然后找出它们在空间和时间上的关系,从纵和横的方向综合分析它们的内在关系。

1. 分析地层

(1)从地层的分布及产状可以知道褶皱的存在;

(2)从地层的错断可知道断层的存在;

(3)从地层缺失情况及平面表现可以知道不整合及其类型和时代。

2. 褶皱

平面组合形态、垂直褶皱轴方向剖面形态有何特点、何时形成。

3. 断层

主要根据断层两侧地层新老和断层与褶曲共生组合的规律来确定其性质，然后确定时代，并分析各断层组合有何规律。

4. 岩浆岩体

要分析侵入岩体之间及与围岩和构造的关系。

（1）岩浆岩体切穿沉积岩层，则岩浆岩比被切穿的沉积岩层为新；岩浆岩为沉积岩所覆盖，则岩浆岩比这套沉积岩为老。

（2）岩浆岩为断层错断时，则断层发生在岩浆岩之后；岩浆岩沿断层分布时，则岩浆岩的侵入时代较断层新。

（3）一岩浆岩体被另一岩体切入时，切入者新，被切入者老。另外，还应分析侵入岩体的规模，即标出平面剥露出的面积大小，根据以上几点，我们就可以在图上确定侵入岩体的产状类型，如岩基、岩墙等。

喷出岩体在地质图上的表现特征与沉积岩层相似。

5. 综合分析

（1）空间上：断层线与褶皱轴的方向，断层面产状和褶曲轴面产状有什么关系？岩浆岩体产出的构造部位有什么特征，其分布与褶皱轴、断层线的方向有什么关系？这样，就能把它们从空间上有机地联系起来。

（2）时间上：分析褶皱、断层和岩浆岩体的形成先后顺序，按其形成地质时代与全区不整合的时代联系起来。

（3）成因上：主要根据全区构造线方向以及它们在时间上、空间上的发展过程，可以初步分析造成这种构造的力学原理，例如最大应力的方向等。

（二）作图切剖面图

由于地质构造复杂，为了全面真实地反映出种种地质构造形态的

组合关系,在作图时还要注意以下几点:

1.选定的剖面线的条件

(1)垂直全区总的构造线方向(褶皱轴向、断层走向、岩体长轴延伸方向、岩层走向等)。

(2)穿越地区地层较全。

(3)构造不宜太复杂,但要具有代表性。

2.地形剖面

当比例尺小时(因地形高差在地形剖面上很难反映出来),可将地形线绘成水平或根据水系略有起伏。

3.地质剖面

一般先绘不整合面及断层面,其次绘岩体接触面和岩相带分界面,最后绘出褶皱和各种产状的地层。

四、作业

根据太阳山地质图写出太阳山地区的地质报告(包括地层、构造、岩浆活动、地壳发展史等)。

绘制和分析地层柱状图

一、目的要求

1.学会绘制地层柱状图的方法;

2.学会根据地层柱状图分析地壳发展史。

二、预习内容

1.复习有关地史知识;

2.预习本节第四部分的说明。

三、实习用具

柱状图用纸、三角板、铅笔、小刀。

四、说明

（一）地层柱状图的规格和画法

一份正式地质报告与地质图上应该附有全区的综合地层柱状图。柱状图可以附在地质图的左边，也可以画在另一张纸上。比例尺视情况而定，一般要大于地质图的比例尺。

1. 柱状图应有图名。如果是综合较大区域作出来的，则叫做"××地区综合地层柱状图"。

2. 地层岩性柱状图中的岩层要按照从老到新的顺序往上画。在绘制过程中要考虑到不整合和岩浆岩体侵入的关系，必须要把这些重要的现象正确地表示在图上。岩性柱子的宽度，要看地层的总厚度来决定，总厚度大柱子要宽些，总厚度小柱子要画窄些，目的是使图件整齐醒目。岩层的整合接触画实线"___"；假整合接触画虚线"......"；角度不整合接触画波浪曲线"∿"。

3. 在地层一栏内分为界、系、统、组、段五格。

4. 代号一栏内要写上地层的文字符号。

5. 岩性描述栏中，只描述岩石最主要的特征，如岩石名称、颜色、结构、构造、成分以及其他突出的特点等。如果有岩浆岩侵入，就应该在相当的时代位置加以描述。

6. 化石栏中对化石的描述要用拉丁文字写出属名、种名，还应描述化石保存的特点。

7. 其他栏中包括地貌、水文方面的特征、矿产等。

8. 单独的柱状图还应该有图例，图例一般放在图的下方。

(二)地层柱状图图头格式

XX 地区综合地层柱状图

比例尺:1:5000

地层				代号	地层岩性柱	厚度（米）	岩性描述	化石	其他
界	系	统	组	段						

界	系 统 组 段	代号	地层岩性柱	厚度（米）	岩性描述	化石	其他
宽0.5cm	每列宽0.5cm	宽0.5cm	宽3cm	宽1.5cm	宽7~8cm	宽2cm	宽1cm

图例

制图者:×××

2014.10

(注:上表格中各列的宽度可以自己按照纸张大小设计,以美观方便为原则)

五、作业

1. 根据华蓥山溪口——天府煤矿古生界剖面绘制该地区综合地层柱状图,比例尺1:10000。

2. 根据综合四川盆地川北、川中、华蓥山及重庆一带的中生界剖面绘制四川盆地中生界综合地层柱状图,比例尺1:20000。

3. 根据上面的综合地质柱状图分析四川盆地古生代、中生代的地壳发展史,并写成书面报告。

第四章

野外地质实习与实习地地层资料

野外地质实习目的要求与观察记录提要

一、目的要求

1. 实践是检验真理的唯一标准。野外观察是学习地质学的基本的、不可缺少的方法。通过野外学习,使大家获得对地质实体的感性认识,巩固课堂所学的基本理论和基本知识。

2. 通过野外地质现象的观察描述,地质资料的收集整理,地质图的填绘和阅读,简易地质仪器工具的使用等基本技能的训练,使大家掌握野外地质工作的一般方法,树立踏实严谨的工作作风,养成仔细观察,认真记录,准确绘图,及时整理野外资料的地质工作习惯。

3. 在实习中要求用历史的、发展的、变化的时空观念去研究、分析地质现象,培养辩证唯物主义观点。学会填绘和阅读地质图,了解和初步掌握地质报告的编写方法。

二、实习内容安排

地质野外实习选定华蓥山、观音峡背斜、北碚向斜等地区,主要是野外地物的观察、记录、定位,地层的划分,褶皱和断裂构造的识别,地质图的填绘,从而掌握野外地质工作的基本方法。

三、野外地质观察点的记录内容提要

在野外记录本上右页作为文字描述,左页绘素描图、剖面图,在右页上方记上日期和天气。

1. 岩性点

以某种碎屑岩为例,按下列顺序进行纪录。

(1)岩石定名,顺序是颜色(次前主后)+构造+结构+成分+名称。如:浅黄灰色中厚层粗粒长石石英砂岩。

(2)岩石次生变化:如砂岩中长石的高岭土化。

(3)补充描述颜色及其变化情况,如风化面的颜色等。

(4)岩石结构特点:如分选情况、砂粒的磨圆度,颗粒大小是否均一等。

(5)目估岩石中矿物、岩屑的大致百分含量。

(6)胶结物成分、胶结类型和胶结程度。

(7)层面构造,如波痕、泥裂、虫迹、交错层等。

(8)剖面上岩性由下而上的变化情况。

(9)在岩层中是否含有化石,若有则注意采集。

(10)测量岩层产状并记录之。如:NE40°、∠60°(表示倾向、倾角)。也可记作 SE130°/NW310°、NE40°、∠60°(表示走向、倾向、倾角)。

(11)岩石标本编号。

(12)对特殊地质现象进行素描(图画在记录本的左页上),如波痕、斜层理等。

2. 断层点

(1)上盘及下盘的岩石性质,地层系统(或时代)、断层面产状。

(2)断层面(或断层带)附近的特点。

①岩石破碎情况及破碎程度、宽度、固结程度如何等;

②岩层被牵引及牵引方向；

③有无构造透镜体、节理或劈理；

④有无断层镜面，擦痕、阶步，并研究擦痕方向。

（3）断层面的产状（实测或估测），记录法与岩层产状相同，但可在下面画上横线以示区别，如 320°∠75°。

（4）断层发育处的地貌特点：因断层带岩石破碎，易侵蚀成沟谷或出现断层岩，断层三角面等。

（5）断层的大小、规模。

（6）断层的性质、发育过程及构造的部位（即与附近构造的关系）。

（7）作断层信手剖面图或剖面素描图。

（8）定名：

①一般以地名命名，如白庙子逆断层；

②断层编号：F1，F2，F3……

3. 背斜（向斜）点

（1）核部及两翼出露地层。

（2）各部分地层代表性产状，特别注意两翼和核部。

（3）褶曲的完整程度，有无断层破坏。

（4）褶曲的横剖面特征。

（5）褶曲类型。

（6）褶曲在平面上的特征（在可能情况下进行描述）。

（7）画褶曲示意剖面图或剖面素描图（图4-1）。

（8）定名：前面冠以大地名，如观音峡背斜、北碚向斜、温塘峡背斜、花果山背斜等。

四、信手剖面图绘制要点

1. 先取地形线，依据地形起伏而定，线要画得圆滑、美观。

2. 大致按比例（估计）表示出地层分界、厚度，以及褶曲、断层等。

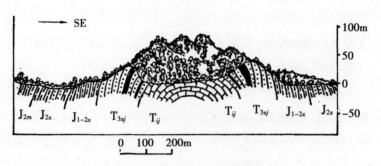

图 4-1 花果山背斜剖面素描图

3. 填以通用的岩性花纹,但剖面上不宜画得过长,一般 1 ~ 2cm。

4. 地层分界线较花纹要长 0.5 ~ 1cm,以示提醒。

5. 各时代地层用通用代号表示之。

6. 最后整理图时,标以图名,剖面方向(以方位角表示),岩层产状,作图日期等。

7. 在可能或需要情况下,还可在适当部位注明剖面图所表示长度或高度(直接用数字或用比例尺)(图 4-2、图 4-3)。

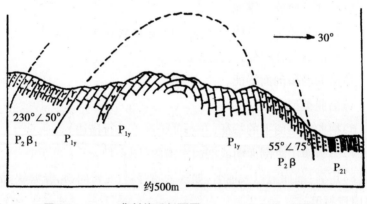

图 4-2　×××背斜信手剖面图　　　　　S. L. C　2007. 1

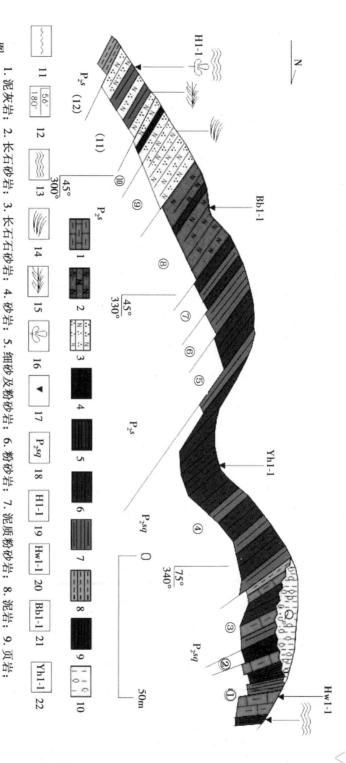

图4-3 裹古桥——至人桥中二叠统上石盒子组（P_2s）——石千峰组（P_2sq）信手剖面图

图例

1. 泥灰岩；2. 长石砂岩；3. 长石石砂岩；4. 砂岩；5. 细砂及粉砂岩；6. 粉砂岩；7. 泥质粉砂岩；8. 泥岩；9. 页岩；10. 更新世砂砾石堆积；11. 角度不整合接触；12. 各种地质面产状；13. 波痕；14. 单向交错层理；15. 双向交错层理；16. 植物化石采集点；17. 采样位置；18. 地层代号；19. 大化石标本及其编号；20. 微体化石样品及其编号；21. 岩矿标本及其编号；22. 化学分析样品及其编号。

109

地质罗盘仪的使用

地质罗盘仪也叫袖珍经纬仪,它是野外地质工作者必须掌握的工具,可用来辨别方向,确定观察点的位置,测定岩层和一切构造面的产状,测量地形的坡度,同时用皮尺配合还可以测制地质剖面图,简易地形图,土壤分布图等。本次实习的目的是了解地质罗盘仪的结构,熟练掌握其基本的使用方法。

一、地质罗盘仪的结构

地质罗盘仪和普通指南针一样,是根据地球的地磁极指向南北的原理制成的。式样很多,有近似圆形的,也有方形的等,但结构都大同小异,有铜、铝质或其他非磁性合金制成的盒子外壳,内装有测定方向的构件和测斜器。

1. 测定方向的构件

由磁针、磁针制动器、水平度盘、圆水准器和瞄准器组成。见图4-4所示。

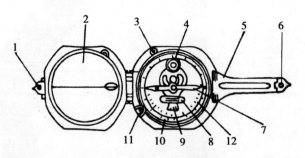

图4-4　地质罗盘仪的结构图

图例　1. 小测望标;2. 反光镜;3. 磁针制动器;4. 圆水准器;5. 长测望标;6. 短照准合页;7. 磁针;8. 长水准器;9. 测斜仪;10. 水平度盘;11. 度盘螺旋;12. 垂直度盘

磁针:是罗盘定向的最主要部件,安装在底盘中央的顶针上,进行测量时放松磁针制动器螺丝,使磁针自由摆动,最后静止时磁针的指向就是磁针子午线方向。不用时必须立即旋紧制动螺丝,将磁针抬起压在盖玻璃上,避免磁针帽与顶针尖的碰撞,以保护顶针尖,延长罗盘的使用时间,这点要特别注意。由于我国位于北半球,磁针两端受磁力不等,使磁针失去平衡,为了使磁针保持平衡,常在磁针南端绕上几圈铜丝,用此也便于区分磁针的南北两端。

水平度盘:刻度有两种表示方法,一种是以底盘的北(N)端为0°,反时针方向连续刻至360°,180°,90°和270°分别为S,E和W,这种方法刻记的罗盘称方位角罗盘仪。另一种是象限角表示方法,是以底盘的北(N)、南(S)端各为0°,分别向东(E)、西(W)端刻至90°,这种方法刻记的罗盘称作象限角罗盘仪。水平度盘上刻着的东、西标记与实际的东、西相反,是为了便于测量能直接读得所求的数。

圆水准器:固定在底盘上,使用时若圆水泡居中,则说明罗盘放置水平了。

瞄准器:包括长测望标、短照准合页、小测望标、反光镜(中间有平分线,下部有透明小孔),作瞄准被测物之用。

2.测斜器

由测斜仪(悬锥)、长水准器、垂直度盘组成,是用来测定岩层和一切构造面的倾角和地形坡角之用。

测斜仪:悬挂在磁针轴下方,通过底盘处的扳手可使测斜仪转动,测斜仪中央尖端所指刻度即为倾角或坡角的度数。

长水准器:固定在测斜仪上,其中的水泡是观察测斜仪是否水平的依据。

垂直度盘:用来读倾角和坡角的度数,以E或W位置为0°,S和N分别为90°。

二、磁偏角的校正

由于地磁子午线与地理子午线不一致,也就是磁针的南北指向线在地球的不同位置和不同时间与地理子午线间有不同的夹角,即所谓的磁偏角,各地的磁偏角由测绘部门按期计算、公布,以备查用。磁偏角有东偏和西偏之分,因此使用罗盘前就要进行磁偏角的校正,这样测得的数值才能代表真正的方位角。校正的方法是"西偏减、东偏加",即直接在罗盘上把度盘螺旋转动磁偏角的度数,如东偏角,将水平度盘顺时针方向转动,西偏时则逆时针转动水平度盘。

例如,重庆市北碚地区磁偏角为西偏2°(1970年1月1日值),只要将罗盘的水平度盘反时针旋2°即可(图4-5)。

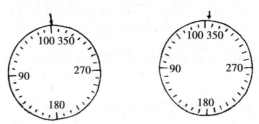

磁偏角校正前,罗盘刻标指0°,磁偏角校正后,罗盘刻标指358°

图4-5　磁偏角校正示意图

三、方位角和象限角

目前使用的地质罗盘定方向,大都用方位角表示。方位角是由地理子午线(真子午线)或地磁子午线的北端起,以顺时针方向量到已知直线的夹角,就作为此线的真方位角或磁方位角。经磁偏角校正后的罗盘测量时的读数就为真方位角,简称方位角。如图4-6所示,OM线的方位角为α,即真子午线与OM线之间的顺时针方向的夹角,具体数值是45°。真子午线与OP线之间的顺时针方向的夹角为β,即OP线的方位角为β,测得具体数值是160°。

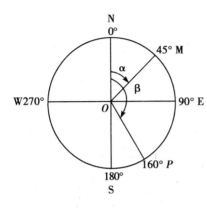

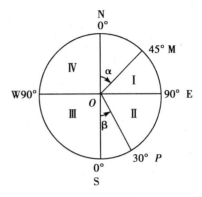

图 4-6　罗盘方位角示意图　　图 4-7　罗盘象限角示意图

象限角或磁象限角是指已知直线与相邻的真子午线或磁子午线的一端所夹的角,称为这直线的真象限角或磁象限角。经磁偏角校正后的罗盘(象限角罗盘仪)测量时的读数就为真象限角。如图 4-7 所示,将 360°分为四个象限,北东区为第一象限,南东区为第二象限,南西区为第三象限,北西区为第四象限。象限角的数值在 0°到 90°之间,并以南和北为起点(0°),往东或西(90°)测量。其中 OM 直线与其相邻的子午线的一端是北端,OM 线以 α 角从子午线北端向东偏,即北偏东,是在第一象限内,α 角具体数值为 45°,OM 线用象限角表示方法为北偏东45°,写作北 45°东或 N45°E。又如图中 OP 直线与其相邻子午线的一端为南端,从子午线南端向东偏,是在第二象限内,β 为其夹角,数值为30°,故 OP 线的方向为南偏东 30°,写作南 30°东或 S30°E。

方位角和象限角的关系,可按下表换算:

表 4-1　方位角和象限角关系表

象限	方位角度数	象限名称	方位角(A)与象限角(r)之关系
Ⅰ(NE)	0°～90°	北东(NE)	$r = A$
Ⅱ(SE)	90°～180°	南东(SE)	$r = 180°-A$
Ⅲ(SW)	180°～270°	南西(SW)	$r = A-180°$
Ⅳ(NW)	270°～360°	北西(NW)	$r = 360°-A$

地质罗盘仪的使用

1. 测定方向

先扭松制动器,用手托住罗盘,将罗盘的反光镜紧贴自己的腹部,长测望标竖起朝向前方,见图4-8所示。使被测目标,长测望标尖,反光镜平分线在同一直线上(图4-9),放平罗盘,使圆水准气泡居中,读出磁北针所指的度数,即为被测目标的方位角(当指针一时静止不了,可读磁针摆动时最小度数的二分之一处。测量其他要素读数时亦同样)。

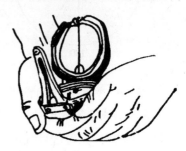

图4-8　手持罗盘测方向图示

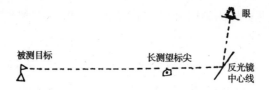

图4-9　测量方向示意图

假若,被测目标位于观测者较低位置(俯角大于15°),这时将罗盘举到胸前,并使长测望标靠近自己,面对反光镜,使被测目标通过反光镜上透视孔中的平分线,经长测望标尖小孔和眼构成一直线(图4-10),放平罗盘,读出磁针南极所指的度数(因用罗盘瞄准测物时之南北两端与前者正好颠倒了),即为被测目标的方位角。

图4-10　被测目标位于观察者视平线下方时测量方向示意图

为了避免时而读指北针,时而读指南针,产生混淆,故应记住长测望标指着所求方向恒读指北针,反之读指南针。

2.测定岩层和一切构造面的产状要素

测走向时,将罗盘的长边(即 S,N 边)与层面紧贴,见图 4-11 所示,放平,圆水准器气泡居中后,北针或南针所指的度数即为岩层的走向。例如一岩层的走向为 60°或 240°,二者相差 180°。

图 4-11　岩层的产状要素及其测量方法

测倾向时,用罗盘的北端指着层面的倾斜方向(图 4-11),使罗盘的短边(即 E、W 边)与层面贴紧,放平,北针所指的度数即为所求的倾向。倾向仅有一个指向,只能用一个数值表示,例如某岩层的倾向为 150°。假若在岩层顶面上进行测量有困难,也可以在岩层底面上测量,仍用长测望标指向岩层倾斜方向,罗盘北端紧靠底面,读指北针即可。假若测量底面时读指北针受障碍,则用罗盘南端紧靠岩层底面,读指 S 针亦可。

测倾角时,将罗盘竖起,以其长边贴紧层面,见图 4-11 所示并与走向线相垂直,用中指拨动罗盘底部之活动扳手,使长水准器中的水泡居中,读测斜仪中所指最大读数,即为岩层之真倾角。倾角的变化界于 0°~90°之间,如某岩层倾角为 35°。

在野外测定产状要素,往往只要测量岩层和一切构造面的倾向和倾角,并记录下来即可。记录的格式,例如一岩层的产状为150°∠35°,前者表示倾向,后者表示岩层的倾角。由于走向和倾向相差90°,倾向加或减90°即为走向,如上述岩层的走向即是60°或240°两个数值,这也是为什么一般不记录走向的原因。只有当岩层倾角近于直立时才记录走向。

野外测量岩层产状时,必须在岩层露头上测量,不能在滚石上测量,因此要区分露头和滚石。区分露头和滚石,主要是靠多观察和追索,并善于判断。另外,如果岩层面凹凸不平,可把记录本放在岩层面上,当作层面以便进行测量。

在野外测得产状要标注在图件的相应位置上。产状符号一般用 ⌐₃₅ 表示,长线表示走向,与长线相垂直的短线表示倾向,数字代表倾角。

3. 坡度角的测量

坡角有两种,一种是向上测的仰角,记录时用"+"号表示在度数前(如 +15°),另一种是向下的俯角,记录时在度数前加"-"号(如 -25°)。仰角和俯角的测量方法相同,先将罗盘横竖,用左手握紧,使反光镜面对自己,长测望标拉直,并将短照准合页与长测望标相垂直,被测目标(被测目标离地面的距离要与罗盘仪离地面的距离相一致)通过反光镜透视孔中心线,与长测量标尖小孔成一直线(图4-12)后,用右手调正测斜仪,使长水准气泡居中,在测斜仪上读出度数,即为被测目标的坡度角。

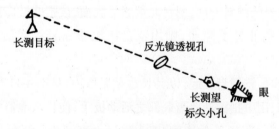

图 4-12　坡角测量示意图

四川盆地古生界、中生界地层资料

1. 华蓥山溪口——天府煤矿古生界剖面

上覆：下三叠统飞仙关组（T_1f）

上二叠统（P_3）（又称乐平统 P_3l）（天府煤区——华蓥山）

长兴组（P_3c）——103.9m

顶部为灰色薄层灰岩、白云质灰岩与粘土岩不等厚互层夹硅质层及燧石条带。

中、上部为灰、灰白色中厚层含燧石结核、条带灰岩与白云质灰岩。

下部为灰、深灰色厚层灰岩、生物碎屑灰岩夹少量黑色钙质页岩。

含化石丰富：古蜓、卫根珊瑚、俄氏贝等。

龙潭组（P_3l）——142.3m

为海陆交替相，含煤层（含煤 2 ~ 10 层，煤系总厚 3 ~ 20m）、粉砂岩及厚层页岩，及含燧石泥质灰岩互层，间夹硅质岩。有黄铁矿、菱铁矿结核。

含化石丰富：大羽羊齿、网格长身贝、米氏贝、俄氏贝、焦氏贝、鱼鳞贝等。

- -

中二叠统（P_2）

峨眉玄武岩组（P_2p）——20 ~ 70m

分布于华蓥山背斜轴部，岳池县溪口李子垭至邻水间，南北延长 25km；多呈透镜体，最长 550 ~ 1500m。

灰黑色玄武岩，下部为辉绿岩，具杏仁状及气孔状构造。

底部为灰白色页岩，有时夹二层厚 0.6m 的浅黄色凝灰岩。

茅口组（P_2m）——溪口厚 187.7m

上段：浅灰色厚层灰岩，顶部含燧石结核或薄层硅质岩，夹较多燧石薄层或条带及少量白云岩，风化面见白云质团块；

中段：灰—浅灰色厚层状灰岩、生物碎屑灰岩、含燧石结核灰岩，夹少量白云岩；

下段：深灰色厚层状灰岩、生物碎屑灰岩、有机质灰岩（具眼球状构造）、有机质页岩。

含化石：费氏䗴、新希瓦格䗴、峨眉隐石燕、文策珊瑚等。

栖霞组（P_2q）——溪口阎王沟 155.6m

灰，深灰色，薄至厚层块状灰岩、生物碎屑灰岩，有时含燧石结核。下部夹少量叶片状灰岩或钙质、有机质页岩。

含化石：多壁珊瑚、早板珊瑚、希瓦格䗴等。

下二叠统（P_1）（又称阳新统 P_1y）（岳池县溪口）

梁山组（P_1l）在溪口阎王沟一带出露 3.2m。

灰绿色粘土岩及灰色硅质粘土岩，夹黑色页岩与煤线，含菱铁矿、黄铁矿及植物碎片。

石炭系（C）

上石炭统（C_2）

黄龙组（C_2h）又称威宁组（C_2w），在溪口三百梯一带出露 5.6m。

黄色，浅黄灰色，含钙质白云岩，下部为角砾状白云岩，方解石脉发育，含小纺锤虫等。

志留系（S）：（溪口李子垭）

沙帽组（S_3s）又称韩家店组（S_2h），灰绿、紫红泥岩、粉砂岩、顶部泥灰岩。含三叶虫、蜂巢珊瑚等。——厚 54.8m

小河坝组（S_2x）灰绿、黄绿页岩夹粉砂岩。含笔石、腕足类，三叶虫、头足类等。——厚 385.7m

龙马溪组（S_1l）颜色灰绿，黄绿，下部为灰黑色、具微细层理的页岩，中上部夹粉砂岩条带，富含笔石。——厚 66.6m

奥陶系（O）（溪口阎王沟）

五峰组（O_3w）黑色硅质页岩，灰质页岩夹极薄燧石四层。下部夹灰白色泥灰岩，含黄铁矿。富含笔石等。——残留 5.8m

临湘组（O_3l）浅灰色、灰色，中厚层，豆状泥岩，富含星散状黄铁矿粒，或成结核。顶部为 0.6m 灰色页岩及褐黄色粘土，夹少许钙质页岩。含三叶虫等。——厚 3m

宝塔组（O_2b）主要是含白云质、泥质灰岩，上部浅灰，中下部紫红。中上部具龟裂纹构造。含直角石，笔石等。——厚 50m

十字铺组（O_2s）

中上部：浅灰、块状泥岩及钙质泥岩
下部：灰色块状生物灰岩 } ——厚 27.7m

湄潭组（O_1m）黄绿、灰绿页岩，砂质页岩，间夹泥质砂岩。含对笔石，大洪山三叶虫。——厚 179.1m

红花园组（O_1h）灰色，中、厚层，生物碎屑灰岩，泥灰岩与灰绿页岩；略等厚互层。富含腕足类化石。——厚 16.7m

桐梓组（O_1t）主要为白云岩、泥灰岩、生物碎屑灰岩与页岩成不等厚互层，间夹石英砂岩。含三叶虫。——厚 103.7m

寒武系（ϵ）（溪口阎王沟）　仅出露 358m。

娄山关群（$\epsilon_{2-3}ls$）又称洗象池群（$\epsilon_{2-3}xx$），以浅灰、灰白，中厚层至块状白云岩为主，含燧石结核。上部与泥质白云岩互层；下部多为钙质白云岩；中部夹细砂岩、页岩。化石稀少。

2. 龙门山北段江油——北川地段的泥盆、石炭系剖面

上覆二叠系(P)

石炭系(C)

马平组(C_2m) 马角坝一带——厚38.7m

灰白、乳白的纯灰岩,化石丰富。

黄龙组(C_2h) 马角坝张沟——厚131.3m

以灰白、乳白,厚层、块状纯灰岩,生物碎屑灰岩,鲕状灰岩为主,中下部间夹紫红色页岩,鲢科化石丰富。

大塘组(C_2d) 马角坝中槽沟——厚57.4m

浅灰白、乳白,厚层、块状纯灰岩及泥质灰岩,鲕状灰岩,下部夹紫红色页岩,化石丰富。

岩关组(C_1y) 马角坝岳村——厚58.8m

顶部为紫红色页岩,其下为灰白、乳白色灰岩、白云岩及鲕状灰岩,含珊瑚、腕足类等化石。

泥盆系(D)

茅坝组(D_3m) 仰天窝、唐王寨一带——厚120~417m

浅灰、灰白纯灰岩,鲕状灰岩,生物碎屑灰岩,含丰富的腕足类化石。

沙窝子组(D_3s) 北川桂溪至沙窝子——厚686.8m

以灰白色结晶白云岩为主,夹较纯灰岩,上段白云岩未见化石,下段灰岩含珊瑚及腕足类化石。

观雾山组(D_2g) 沙窝子——厚1000m

上段为浅灰至深灰的薄层至厚层灰岩及纯白云岩;下段为灰、深灰石英砂岩,粉砂岩,页岩夹黑色的砂质灰岩,含铁矿2~4层。含腕足类及珊瑚化石。

养马坝组（D_2y）　唐王寨平驿铺一带——厚821m

以灰色厚层、块状泥质灰岩为主，夹生物灰岩，砂质页岩，粉砂岩，砂岩；中上部夹两层0.5～1m 鲕状赤铁矿，化石丰富。

甘溪组（D_1g）　北川桂溪至沙窝子——厚421.9m

上段：下部为灰、黄绿泥质粉砂岩、页岩、夹薄层灰岩；上部为页岩与灰岩互层。

中段：黄绿色钙质页岩、粉砂岩及灰岩。

下段：灰色薄层、含粗砾石英砂岩、粉砂岩、砂质页岩。

各段均含丰富的化石。

平驿铺组（D_1p）　北川桂溪至沙窝子——厚1955.3m

以灰、灰白色，厚层、块状石英砂岩为主，中上部夹深灰色薄层粉砂岩及页岩；下部夹黑色砂岩及页岩。

主要含裸蕨类等植物化石和鱼类化石，少量腕足类和瓣鳃类。

- -

下伏：中志留统（S_2）

3. 综合四川盆地西北、川中、华蓥山及重庆一带的中生界剖面

上覆：第四系（古近系很少见）

～～～～～～～～～～～～～～～～～～～～～～～～～～～～～

白垩系　　K

城墙岩群（K_1）　主要分布于：简阳——三台——盐亭——阆中一线以西。

上部：剑阁组　砖红色厚层粗砂岩夹砾岩。

下部：剑门关组　砂页岩，底部厚层砾岩。

上、下部共数百至两千米以上。

（在盆地南部，綦江、乐山、峨眉一带称嘉定群，分夹关、灌口二组，为砖红色砂岩、砂质泥页岩，并含有芒硝和石膏。）

- -

侏罗系　　　J

蓬莱镇组(J_3p)　　　蓬溪县蓬莱镇 754.8m。

为河湖相灰紫色砂岩,棕紫色泥岩,偶夹薄层泥灰岩。

上部:长石砂岩较多,近顶部夹二层灰岩。

下部:砂岩比例较少,粒较细。底部有一层紫灰色长石砂岩。

遂宁组(J_2sn)　　　在蓬莱镇 360m。(基井)

棕红色砂质泥岩,夹石英粉砂岩,偶夹钙质团块。底部为砖红色石英砂岩。本组显著的特点为新鲜的棕红色,颜色比较均一,变化不大,在四川盆地各处大都如此。

沙溪庙组(J_2s)　　　安岳、广安等处均在 1100m 以上。

为河流相与河湖相堆积,一般为紫红色泥岩、砂质泥岩与灰绿色砂岩,间夹透镜状砂岩,分上下两亚组,以一层黄绿色灰黑色页岩(含叶肢介化石)为标志,其上稳定的青灰色砂岩层,属上亚组。

上亚组:泥岩,色较暗,含较多钙质团块,偶夹泥灰岩。砂岩颜色较杂,长石含量高。其下部含马门溪龙及龟鳖类化石。底部有 20m 上下的稳定的青灰色砂岩。

下亚组:泥岩呈紫红色,少数灰绿色,局部含钙质及钙质团块;砂岩多为长石石英砂岩。上部为含叶肢介层。

自流井组($J_{1-2}z$)　　　重庆—渠江一带厚 340～570m(北碚 460m)。

主要是湖相的紫红泥岩,少量灰黑页岩夹灰岩及砂岩。在自贡市典型地区,有明显的五段,从上到下:

凉高山段($J_{1-2}z^5$;北碚 150m):泥岩,砂岩(新田沟组);

大安寨段($J_{1-2}z^4$;北碚 40m):多层不纯灰岩夹钙质页岩,砂质页岩;

马鞍山段($J_{1-2}z^3$;北碚 100m):泥岩为主,夹薄层砂岩;

东狱庙段($J_{1-2}z^2$;北碚 20m):灰黑页岩夹介壳灰岩;

珍珠冲段($J_{1-2}z^1$;北碚 150m):泥岩,灰绿细粒石英砂岩及页岩(珍珠冲组)。

在重庆一带,底部常见粘土岩,赤铁矿(綦江式),炭质页岩,偶有底砾岩,有称"綦江段"的,但很不稳定。

三叠系　　T

须家河组(T_3xj)　嘉陵江峡,厚 400～600m 以上(沥鼻峡碳坝附近厚 497m),以厚层灰色砂岩为主,夹灰黑色页岩和若干煤层,由于普遍存在的一个明显的冲刷面,把须家河组分两个亚组:

上亚组(T_3xj^6碳坝 171.4m,T_3xj^5碳坝 49.1m,T_3xj^4碳坝 108.8m):主要是两套砂岩夹一套含煤的页岩层。

T_3xj^6 为灰白色、黄褐色厚层块状中—粗粒长石石英砂岩、长石岩屑砂岩、岩屑石英砂岩,夹砂质页岩、粉砂岩薄层;

T_3xj^5 为灰、深灰色薄—中厚层细至中粒长石石英砂岩、泥岩、砂质泥岩夹薄层粉砂岩、炭质页岩、煤线(层),含菱铁矿结核;

T_3xj^4 为浅灰、深灰色薄至中厚层细至中粒长石石英砂岩、长石砂岩、岩屑石英砂岩,夹粉砂岩、页岩。

下亚组(T_3xj^3碳坝 86m,T_3xj^2碳坝 32m,T_3xj^1碳坝 49.7m):主要为两套黑灰色页岩含煤层,夹一套灰色砂岩。在天府到綦江一带,底部常有一层燧石、石英粒组成的角砾岩,角砾粒径最大有达 1cm 的,层厚约 1m。

T_3xj^3 为灰色、深灰色泥岩、砂质泥岩、页岩、薄—中厚层长石石英砂岩,夹炭质页岩和煤线(层);

T_3xj^2 为浅灰色、灰黄色厚层块状细—中粒长石石英砂岩、岩屑长砂岩、岩屑石英砂岩;

T_3xj^1 为灰、深灰色砂质泥岩、页岩或为灰、灰黄色薄—中厚层状中粒长石石英砂岩,下部夹炭质页岩、薄煤层(线);

本组含有大量的植物化石:如新芦木、苏铁杉、侧羽叶、支脉蕨、锥叶蕨、拜拉银杏。

雷口坡组(T_2l)　在威远,厚 383～665m(北碚 90m)。

本组在须家河组沉积前,大部被剥蚀,残存厚度各处不一,在北碚地区,不及 20m。在川中,由钻井材料得知,一些地区仍达 300m 以上。

主要是灰色厚层及薄层灰岩,白云岩,浅黄色钙质泥岩及泥灰岩,夹硬石膏多层及产岩盐。在地表,石膏层溶解,则形成盐溶角砾状石灰岩或白云岩,含海燕蛤、真形蛤等化石。

其底部有一层灰绿色水云母粘土岩夹同色绿豆状结核,常称"绿豆岩",厚 0.5～3.0m。以此为标志,与嘉陵江组分界。

嘉陵江组(T_1j)

本组在华蓥山三汇坝,天府地区及合川盐井峡(沥鼻峡)的剖面清楚,厚达 500～700m(T_1j^4 90m,T_1j^3 150m,$T_1j^2$70m,T_1j^1 230m)。

岩性:以浅灰、灰黄等色石灰岩、白云岩为主,夹石膏及岩盐。以岩性组合,可分四段:一段、三段以石灰岩为主,二段、四段以白云岩,白云质灰岩,灰岩及盐溶角砾状灰岩——白云岩为主,是重庆地区重要的石膏层位。

含多种瓣鳃类化石:真形蛤、海燕蛤、假鬈蛤、海扇等。

飞仙关组(T_1f)　华蓥山重庆一带厚 410～460m(北碚 40m)。

主要是紫色钙质泥岩,灰色石灰岩,泥质灰岩,少量砂质页岩互层。按岩性组合,可分四段:二段、四段均以紫色钙质泥岩为主,夹薄层泥质灰岩;三段为灰岩,泥质灰岩夹鲕状灰岩;一段由下到上为暗紫色泥灰岩、泥岩、钙质泥岩、砂岩、泥灰岩、灰岩(据四川省区域地层表)。

为便于识别,按岩性组合也可分为五段:T_1f^5紫色钙质泥岩、泥灰岩,50m;T_1f^4灰色中厚层灰岩、泥质灰岩、鲕状灰岩,110m;T_1f^3紫色钙质泥岩、夹薄层泥质灰岩,200m;T_1f^2灰白色中厚层鲕状灰岩、灰岩,30m;T_1f^1暗紫色泥灰岩,100m。

含化石丰富,以瓣鳃类为主。

下伏:二叠系长兴组(P_3c)

第五章

野外实践教学内容及要求

路线一 北碚观音峡-温塘峡中
生代地层地质地貌实习

　　华蓥山脉自北东向南西延伸,地势逐渐降低,延至三汇坝附近,开始呈帚状分枝,自东向西分别为龙王洞山、观音峡山(中梁山北段)、温塘峡山(缙云山北段)、沥濞峡山等四条脊状低山,山势及地表形态受地质构造及岩性控制。

　　观音峡位于重庆市西北、北碚区中部、北碚城市之中,地处四川地台—川东南坳褶带—重庆弧—华蓥山复式背斜主支观音峡背斜南段。观音峡段嘉陵江相对河面较窄,有多座桥梁通过,尤其有我国唯一的一座双链加劲钢箱梁悬索桥——朝阳桥(1969年建成通车,现已经废弃停用;2011年通车的嘉陵江新朝阳桥为钢箱中承式提篮拱桥)。

　　温塘峡,处于缙云山段,居于嘉陵江中部,因峡中有温泉而得名。峡谷深邃,风光妩媚多姿,全长2700米。古时峡口建有温泉池,称为温塘,故名温塘峡。入峡江水咆哮奔腾,旋涡叠生,气势磅礴;峡壁两岸相距不过200米,悬崖挺立,犹如刀劈斧削;峡岩之腰,泉如汤涌,云根窦生,景色秀丽,为嘉陵江"小三峡"之冠。

一、实习目的和任务

1.认识中生代地层,掌握各个地层岩性组合特征;

2.认识基本地质构造类型:向斜、背斜、断层;掌握测量地层产状的方法;

3.通过对河流阶地和第四系沉积物的观察、描述和分析,初步掌握河谷地貌、第四纪地质和新构造运动的调查方法;掌握不同河段的河流地质作用的特征;练习绘制河谷横剖面图和阶地剖面素描图;

4.掌握温泉调查方法,认识温泉的类型及形成原因。

二、实习要求

1.学生分多个小组,每组选小组长对实习事务负责;

2.学生须携带地质图、罗盘、地质锤、放大镜、铅笔、橡皮、野外记录本、三角尺、量角器、钢卷尺、照相机;

3.出野外之前复习相关内容;

4.本线路实习由教师根据需要可分为两至三天完成,实习要求也随任务而改变,自带午餐。

三、教学点及行程安排

1#点(观音峡背斜)

(1)读观音峡横剖面地质图,讲解褶皱概念、要素、类型,确定其核、翼的位置;

(2)沿途观察观音峡背斜两翼岩层的岩性,注意岩层界线的确定;

(3)要求测量岩层产状,特别注意岩层倾向和倾角的变化,标注在绘制的素描图、随手地质剖面图上的相应位置;

(4)要求整个地质实习完成观音峡背斜地质剖面图(图5-1)。

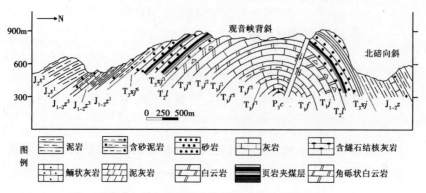

图例

泥岩	含砂泥岩	砂岩	灰岩	含燧石结核灰岩
鲕状灰岩	泥灰岩	白云岩	页岩夹煤层	角砾状白云岩

图 5-1　北碚地区中生界地层构造示意图

2#点（观音峡上段）

（1）用后方交会法结合地貌特征在地形图上定点；利用罗盘，确定特征物体的方位；

（2）认识上三叠统须家河组（T_3xj）岩性特征，观察、描述砂岩（颜色、砂粒大小、结构、构造、成分及含量、分选性、磨圆度）；通过肉眼鉴定砂岩标本，给所选择的砂岩标本命名；

（3）观察描述砂岩中的沉积建造、平行层理、斜层理、冲刷构造、槽型层理等；

（4）采集岩石标本（2cm×5cm×8cm 或 3cm×6cm×9cm）；练习编录与包装，老师逐个检查评分。

3#点（嘉陵江河流阶地）

（1）观察嘉陵江河流阶段地全貌；观察河床与河漫滩、河流凹岸侵蚀与凸岸沉积现象；

（2）结合本点观察到的地质地貌现象，讲解河流、河谷的概念，河谷的组成（谷底、谷坡），谷底的组成（河床、河漫滩），阶地的概念、要素、类型、级序相对高程、阶面特征及分布；

（3）分析两岸阶地差异的原因；

（4）练习绘制嘉陵江河谷横剖面图和阶地剖面素描图（图 5-2）。

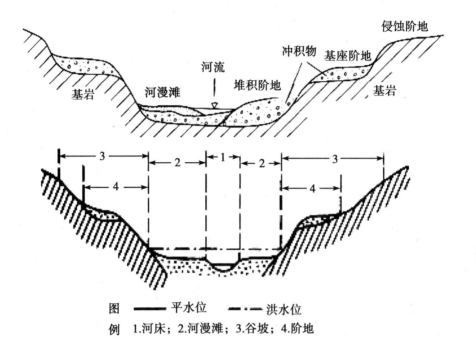

图例 —— 平水位 ----- 洪水位

1.河床；2.河漫滩；3.谷坡；4.阶地

图5-2 河流阶谷地貌特征示意图

4#点(嘉陵江一级阶地)

（1）观察现代河流沉积物的特征,粉砂岩、砂岩、砾石的分布位置。

（2）学习砾石的测量方法,在砾石层的剖面上选取1m×1m范围,进行砾石测量;砾石测量的内容包括砾石粒径、圆度、球度、分选性、最大扁平面倾向、长轴方向,砾石成分、胶结物质等,要求学生以组为单位完成;

（3）观察基岩岩性,比较与沉积物的差异,分析砾石层的沉积环境特征和成因类型,思考古流向和水动力条件。

表5-1 砾石测量统计表

地点： 时间： 地貌位置： 层位： 测量和记录人员：

编号	砾石成分	砾径/mm			方位/°	ab面产状/°		磨圆度					风化程度				其他
		a	b	c	a	倾向	倾角	0	1	2	3	4	I	II	III	IV	
1																	

编号	砾石成分	砾径/mm			方位/°	ab 面产状/°		磨圆度					风化程度				其他
		a	b	c	a	倾向	倾角	0	1	2	3	4	I	II	III	IV	
2																	
3																	
4																	
5																	

5#点（观察鲕粒灰岩）

认识下三叠统飞仙关组（T_1f）岩性组合特征。

（1）观察鲕粒灰岩、鲕粒大小、生物碎屑灰岩，探讨鲕粒形成的古水动力条件；

（2）重荷模、缝合线构造。

6#点（观察"刀砍状"白云岩）

（1）观察中三叠统雷口坡组（T_2l）岩性及组合特征，肉眼鉴定白云岩，进行碳酸盐岩矿物成分简易化学测试；

（2）特别注意观察白云岩表面的"刀砍状"溶沟，探讨"刀砍状"溶沟形成原因。

7#点（观察"綦江式"铁矿）

铁矿赋存于下侏罗统珍珠冲组第一段中，含矿岩系可划分为三层，自下而上为田坝、綦江和岩楞山层。其中綦江层是主要的含矿层位，可分为有矿和无矿两种岩性组合。

矿体隐伏于地下，最浅埋深约180m，一般埋深250～600m间。矿体为大小不等的扁平透镜体。矿石主要有假鲕碎屑状、粒状、砂状等结构；块状、角砾状、条带状、团块状、皮壳状或栉壳状等构造。矿物主要为菱铁矿、赤铁矿、少量磁铁矿;脉石矿物为石英、绿泥石、水云母、方解石及少量、微量的自生矿物及陆源碎屑矿物;有害矿物有黄铁矿、胶磷矿及磷灰石等,含磷矿物粒度均在 0.02mm 以下。陆源矿物有长石、锐钛矿、钛铁矿、电气石、云母等。

8#点(观察峡谷地貌)

(1)观察描述 V 型深切峡谷的形态,与水面的高差,地层时代、岩性;

(2)解释其成因(与岩性、水流流向、岩层走向、流水下蚀作用、构造上升运动等因素的关系)。

9#点(北温泉)

(1)观察岩性特征;

(2)观察描述泉的地理位置(地理位置、地貌部位、构造部位)、泉口高程、相对高程,泉口所在的地层、岩性;讲解泉发育的类型(上升泉、下降泉),确定所在点观测的泉类型,探讨形成原因;

(3)泉水的物理化学性质观察(色、嗅、味、浑浊度、温度等)、流量,水中生物量,厘定补给来源;

(4)温泉的概念,探讨都市地热水资源的开发与利用,结合北温泉度假休闲区说明。

表 5-2　北温泉调查记录表

天气		时间	
名称			
地理位置		泉口特征	
地貌部位		流量及动态	
构造部位		理化性质	
相对高程(海拔)		泉水补给来源	

续表

地层时代		泉的成因	
岩性		利用状况	
地层产状		图幅编号	
其他			
调查单位		调查人	

10#点（观察并描述断层）

（1）观察描述断层，断层两翼岩性差别，断层的组成（上盘、下盘），断层的类型（正断层、逆断层）；测量岩层产状；

（2）收集断层的依据（擦痕、阶步、劈理、矿物定向排列、破碎褪色带、植被差异）。

11#点（观察并描述滑坡）

（1）观察山体滑坡形态，岩层差异、植被差异，探讨滑坡的成因；

（2）结合位于观音峡谷中的铁路隧道建设，讲解工程地质灾害的危害，讨论治理和预防措施。

四、作业及思考题

1. 描述观音峡和温塘峡峡谷的地形地貌特征；

2. 分析"綦江式"铁矿形成原因；

3. 描述沿途观察到的断层及滑坡。

路线二　金刀峡峡谷

金刀峡位于重庆市北碚区东北部华蓥山东麓。经渝武高速转北碚至金刀峡公路可达，距重庆市中心 70km，属峡谷型自然风景旅游景区。

金刀峡源头海拔840m,下峡口海拔600m,平均纵坡降约3.9%,为三叠系飞仙关组和嘉陵江组的石灰岩构成。飞仙关组以紫、黄红色泥岩夹灰岩、泥质灰岩、鲕状灰岩、白云岩为主,嘉陵江组主要以白云岩、灰岩、粘土岩夹岩溶角砾岩为主。因此,特殊的岩性形成了独特的喀斯特地貌。景区以峡谷幽壑景观为主,岩溶地貌为辅,兼有大量的地质上称为壶穴的深潭绝景,以峡险,山雄,水秀,瀑多,潭碧,洞幽著称。金刀峡全长约10km,分上峡、下峡两段,其中峡谷内栈道全长近7km。上峡由于喀斯特地质作用,地面切割强烈,形成独特的峡谷沟壑,两岸石壁如削,山势岈合,垂直高度超过百米,上有古藤倒挂,下有潺潺流水;下段由于流水侵蚀力的作用,有洞穴群生,潭潭相连,飞泉瀑布层层叠叠,石钟乳、石笋、石柱更是千姿百态、变化万千。

一、实习目的和任务

1. 学习观察并描述峡谷地貌的基本特征;

2. 初步掌握和辨别飞仙关组和嘉陵江组的岩石类型及其基本特征;

3. 感官认识峡谷形成的内因和外因以及流水的风化作用;

4. 练习绘制信手地形地貌素描图;

5. 观察流水对石灰岩的溶蚀作用,思考峡谷的形成过程以及形成的内因和外因;

6. 感官认识岩溶地下世界,观察了解岩溶洞穴形态,认识各种地下岩溶形态。

二、实习要求

1. 学生分多个小组,每组选小组长对实习事务负责;

2. 学生须携带地质图、罗盘、地质锤、放大镜、铅笔、橡皮、野外记录本、三角尺、量角器、钢卷尺、照相机;

3. 出野外之前复习相关内容；

4. 自带午餐。

三、教学点及行程安排

1#点（金刀峡上段）

（1）观察嘉陵江组和飞仙关组的碳酸盐岩的岩性特征和所形成的地貌特征，并联系外力作用阐述其风化特征；

（2）学习金刀峡形成的内因和外因以及其内因外因的相互作用，认识流水的风化作用以及总结峡谷形成的过程；

（3）观察峡谷的变化和各种流水作用；

（4）思考峡谷形成机制。

2#点（藏刀洞）

（1）观察洞穴外部和内部的形态，讲解洞穴形成原因，分析其形成的环境；

（2）观察洞穴内各种地下岩溶形态，并分析其形成原因；

（3）观察洞穴内外不同的溶蚀沉积现象，例如石钟乳、石笋等；观察洞穴内的生物，如盲鱼；

（4）观察不同洞穴四壁的岩石特征和微构造特征，分析洞穴形成原因。

3#点（金刀峡下段）

（1）观察地层出露情况与地形的关系以及与上段峡谷的不同，让学生现场感受以帮助其更深刻的理解和掌握地形地貌与岩石的相互关系；

（2）观察流水风化作用的转变；

（3）观察并描述金刀峡下段地貌特征；

（4）联系流水作用与地形地貌的相互关系；

（5）对比观察峡谷上下段形态的变化情况，了解造成形态差异的原因；

（6）观察多级干溶洞并讨论其形成原因。

四、作业及思考题

1. 描述金刀峡峡谷的地形地貌特征；

2. 分析金刀峡峡谷形成原因以及流水在峡谷形成中的作用；

3. 描述不同地下岩溶形态的形成过程。

路线三 万盛国家地质公园

万盛国家地质公园地处重庆市和贵州省的交界地带，区内有大面积出露厚度较大的寒武系、奥陶系、志留系碳酸盐岩夹碎屑岩，加之景区位于亚热带湿润季风气候区，气候温暖、雨量充沛。有了可溶性岩石（碳酸盐岩）、充足的水量和适宜的温度，便为喀斯特地貌的大规模发育创造了条件。所以，万盛国家地质公园内的景观大多是由各种形态各异的喀斯特地貌组成。

万盛国家地质公园喀斯特地貌景观主要发育在成岩年代距今约5.4亿至4.4亿年的碳酸盐岩中，因此，万盛国家地质公园龙鳞石海景区被誉为"中国最古老的石林"。此外，公园出露岩层中可见大量直角石化石，中外古生物专家到此考察后评价说："龙鳞石海数以万计的奥陶纪标准化石——直角石（或称中华震旦角石）的出露，堪称世界之最。这些化石具有极其重要的科学研究价值。"

一、实习目的和任务

1. 观察和认识寒武系、奥陶系的岩石特征和基本成岩环境；

2. 初步掌握和辨别寒武系、奥陶系的灰岩和白云岩之间的差别；

3. 感官认识石林的各种形态,并思考石林形成原因;

4. 认识石扇,并思考石扇的形成过程;

5. 观察石林内出现的各种化石,并认识奥陶纪标准化石——直角石;

6. 观察并认识塔状石林、穿洞等各种石林内部形态,了解不同的溶蚀作用。

二、实习要求

1. 学生分多个小组,每组选小组长对实习事务负责;

2. 学生须携带地质图、罗盘、地质锤、放大镜、铅笔、橡皮、野外记录本、三角尺、量角器、钢卷尺、照相机;

3. 出野外之前复习相关内容;

4. 自带午餐。

三、教学点及行程安排

1#点(剑状石林)

(1)观察奥陶纪石林的形成原因以及剑状石林的形成原因;

(2)学习奥陶纪标准化石——直角石的鉴别方法、形成原因,在石林中寻找各种各样的化石;

(3)观察剑状石林的形态和溶蚀作用;

(4)认识土下溶蚀作用。

2#点(石扇)

(1)观察石扇的长、宽、高、厚等形状特征;

(2)根据周围环境和岩层特征分析石扇形成的原因,思考石扇的形成过程;

（3）观察石扇旁边长约 1.2 米的直角石化石，并探讨如何保护此类化石；

（4）观察岩石特征和各种风化特征形成的各式各样的岩溶形态。

3#点（塔状石林）

（1）观察并描述此处石林的基本特征，分析在此处形成石林的原因；

（2）观察塔状石林的塔帽、塔基石的岩性特征等，并分析其形成原因；

（3）让学生学习岩性、水、土与石林形成的相互关系；

（4）理解和掌握石林地表形态与岩石的相互关系；

（5）观察穿洞等基本形态；

（6）联系流水作用与石林形成的相互关系；

（7）观察各种奇形怪状的石林形态，分析其旅游价值；

（8）观察直角石。

四、作业及思考题

1. 描述直角石的基本特征，素描直角石化石并发挥想象复原直角石的生活场景；

2. 分析万盛形成石林的原因以及流水等外部条件对石林形成的作用；

3. 描述石林的基本特征。

路线四 华蓥山溪口古生界地层剖面

一、实习目的和任务

1. 学习观察、判识别、描述地质构造（背斜、断层）的基本方法；

2. 初步掌握不同岩石类型(粉砂岩、页岩和灰岩)的基本特征和野外鉴别方法;

3. 巩固化石的概念,了解古生代的几种典型的化石类型(三叶虫、笔石和直角石等),观察化石的主要形态特征,学会初步辨识化石种类,了解化石的地质意义;

4. 观察岩石的原生和次生构造,认识不同构造形成的机理;

5. 现场感受地层出露情况与地形的关系,掌握"V"字形法则的运用;

6. 观察古生界地层与中生界地层的分界线,了解古生代和中生代生物化石的差别;

7. 练习绘制信手地质剖面图、地质素描图的方法。

二、实习要求

1. 学生分小组,每组选小组长对实习事务负责;

2. 学生须携带地质图、罗盘、地质锤、放大镜、铅笔、橡皮、野外记录本、三角尺、量角器、钢卷尺、照相机;

3. 出野外之前复习相关内容;

4. 如果安排一天则请自带午餐;如果安排两天行程则请准备好干粮和露营装备。

三、教学点及行程安排

1#点(李子垭)

(1)观察沙帽组(S_3s)、小河坝组(S_2x)和龙马溪组(S_1l)地层的岩性特征,学习页岩的特征及形成条件,了解页岩所属岩石类型及其组构特征;

(2)了解笔石和三叶虫化石的形貌特征,寻找笔石和三叶虫化石,

学习化石的形成过程,了解化石在地层学领域的应用;

（3）练习手标本的采集（长×宽×高:9×6×3 或 8×5×2,单位,cm）;

（4）观察岩层的层面构造和岩性的变化;

（5）观察泥岩的球状风化现象。

2#点（阎王沟）

（1）观察地层间的过渡关系和岩性的变化,了解灰岩的形成条件,分析其形成的古地理环境,掌握灰岩的鉴定方法;

（2）观察奥陶系地层中的典型化石——直角石,学习直角石的特征,选择典型化石进行详细观察、测量,绘制化石素描图;

（3）观察宝塔组（O_2b）灰岩的龟裂纹构造,分析该构造的可能成因,素描龟裂纹构造并描述其特征;

（4）观察灰岩的溶蚀现象,了解龟裂纹灰岩的分布层位;

（5）观察不同地层的岩性变化,学习地层沉积规律。

3#点（铝土矿）

（1）观察地层出露情况与地形的关系,了解地形"V"字型法则,让学生现场感受,以帮助其更深刻地理解和掌握这一规则;

（2）观察黄龙组（C_2h）中的珊瑚和小纺锤虫化石,学习化石的特征;

（3）观察并描述梁山组（P_1l）粘土岩的特征;

（4）观察栖霞组（P_1q）地层中的燧石结核,了解燧石结核的成因,测量其大小,描述其特征,并做素描图;

（5）观察茅口组（P_1m）灰岩中的生物化石,并特别注意该层位灰岩与其他层位灰岩在特征上有什么差别;

（6）观察整个矿区不同层位的矿洞之间的关系,所采矿种的差异。

4#点(三百梯)

观察古生界地层与中生界地层的分界线,学习华蓥山地区古生代到中生代的地质历史演化过程,观察地层岩性变化以及地层叠置关系。

5#点(阎王沟下山小路)

(1)观察娄山关群($\epsilon_{2\text{-}3}ls$)白云岩,学习白云岩的形成作用及过程及白云岩的特征;

(2)掌握白云岩的野外识别方法;

(3)描述白云岩的差异风化现象,并对"刀砍纹"构造进行素描;

(4)观察岩性变化及"刀砍纹"构造。

6#点(溪口山坡上)

(1)观察断层陡崖及三角面,分析断层的成因;

(2)观察该点处断层带两侧地层的出露情况,了解并掌握地层出露不连续及产状岩性突变的原因;

(3)学习断层对地层出露情况的影响;

(4)测量层面产状,做断层带素描图,判断断层性质;

(5)观察地层产状和岩性的变化。

7#点(宝鼎—光明寺)

(1)站在四川盆地内华蓥山第二高峰宝鼎(海拔1590米)观察整个山脉的地貌形态,分析形成川东平行岭谷地貌的原因;

(2)自八百梯沿途爬山至宝鼎,仔细观察地层、岩性变化特征,了解区分识别不同的岩石类型;结合岩性变化分析形成陡崖的原因;

(3)结合地层地质剖面图,从空间上掌握华蓥山背斜的特征;

(4)在宝鼎观察光明寺的建筑结构,结合地质背景分析在山之顶峰建设应该注意哪些工程地质问题。

四、作业及思考题

1.制作华蓥山溪口古生界地层剖面图(图5-3);

2.分析华蓥山背斜的形成对地层出露情况的影响;

3.断层和褶皱构造对该地区现今地质面貌所起到的作用;

4.思考内、外动力地质作用对区域地质演化的作用;

5.课外查阅相关资料,并结合本次实习所观察到的地质现象,分析华蓥山地区的地质发展历史,撰写一篇分析华蓥山地区地质发展历史的课程论文。

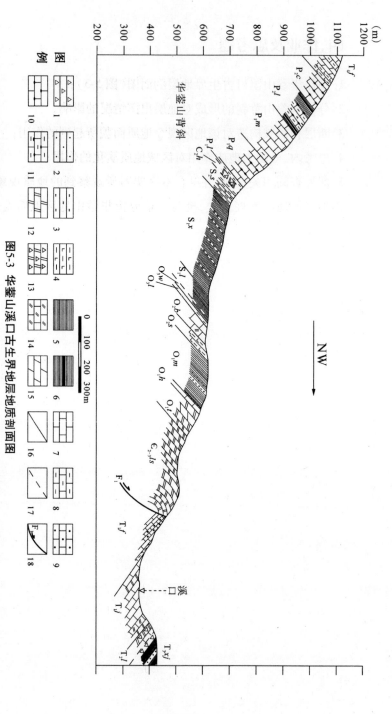

图5-3 华蓥山溪口古生界地层地质剖面图

图例

1.角砾岩；2.砂岩；3.粉砂岩；4.钙质泥岩；5.页岩；6.页岩夹煤层；7.灰岩；8.泥质灰岩；9.瘤状灰岩；10.燧石结核灰岩；11.含泥质燧石结核灰岩；12.白云岩；13.角砾白云岩；14.白云质灰岩；15.泥灰岩；16.实测整合地层界线；17.实测平行不整合地层界线；18.实测逆断层及其编号

基础地质学
实验实习指导

第六章

参考资料

四川盆地地壳发展史简介

四川盆地位于东经 103°～110°,北纬 28°～33°。龙门山耸之于西北,大小凉山屹之于西南,米仓山、大巴山横亘于东北,巫山、大娄山峙立于东南。因此形成一个四周被海拔 1500 米以上的山地所环绕的菱形盆地。盆地东部为平行岭谷式的低山与丘陵,海拔 500～1000 米,最高峰为华蓥山主峰高登山,海拔 1704 米。盆地中部丘陵起伏,河川发育,海拔 300～500 米,盆地西部为成都冲积扇形平原,海拔 500～700 米。今日之盆地构造面貌经历了漫长的发展历史。

四川盆地已知地质记录开始于元古代。元古代时为地槽阶段,以元古界火地垭群片岩、砂板岩及中酸性火山岩组成的构造层为代表,厚度 9000 余米。晚元古代的晋宁运动使地槽发生褶皱、变质,并有基性到酸性的岩浆侵入,形成了四川盆地地台的基底。

在晚元古代褶皱基底上,震旦纪早期堆积了以莲沱组为代表的陆相砂岩,早震旦世末澄江运动使本区上升隆起,气候变冷,出现了以南沱组为代表的冰碛岩沉积;之后气候变暖,沉积了以陡山沱组为代表的海湾潟湖相的碎屑岩、碳酸盐岩沉积以及灯影组为代表的浅海相白云岩沉积。震旦纪末,峨眉山上升致使灯影组上段被剥蚀,表现为震旦系与寒武系之间的区域性假整合。

早古生代寒武纪开始本区缓慢下降遭受海侵,沉积了一套稳定性较大的以洗象池群、桐梓组为代表的浅海相碳酸盐岩和以湄潭组、龙马溪组、小河坝组、韩家店组为代表的浅海砂页岩。中志留世末广西运动使本区普遍上升遭到剥蚀，造成沉积间断，致使广大地区缺失上志留统、泥盆系、石炭系，只有华蓥山地区在中石炭世有短暂的海侵，形成了以威宁组为代表的潟湖相碳酸盐岩，厚度仅5.6m。早二叠世本区广泛海侵，初期沉积了以梁山组为代表的滨海相含煤粘土岩，随后海侵扩大，沉积了以栖霞组、茅口组为代表的浅海相碳酸盐岩。早二叠世末东吴运动又使本区普遍上升，同时基性岩浆的喷发形成了峨眉山玄武岩。嗣后，大面积升降运动频繁，形成了以龙潭组为代表的海陆交互相含煤地层，随后海侵扩大，沉积了长兴组为代表的浅海相碳酸盐岩。

晚二叠世的海侵延续到三叠纪初期，早三叠世早期沉积了以飞仙关组为代表的浅海相粘土岩和石灰岩。早三叠世晚期和中三叠世，大部分地区形成了以嘉陵江组和雷口坡组为代表的浅海相、潟湖相的碳酸盐岩。中三叠世晚期，印支运动使盆地龙泉山以东的全部地区上升为陆，遭受强烈剥蚀，其中华蓥山地区剥蚀尤为强烈，因而晚三叠世早期和中期未接受沉积；而龙泉山以西地区晚三叠世早期则遭受海侵，沉积了以跨洪洞组为代表的浅海相的碎屑岩和碳酸盐岩，中期地壳升降运动频繁，沉积了以小塘子组为代表的海陆交互相的砂页岩。晚三叠世晚期，印支运动使四川盆地全部上升为陆，从此脱离海洋环境，并形成了巨大的内陆湖盆，广泛沉积了以须家河组为代表的河湖沼泽相含煤砂页岩；三叠纪末，盆地又一度上升，致使三叠系与侏罗系为假整合接触。侏罗纪时，盆地大幅度下降，沉积了一套以自流井组、沙溪庙组、遂宁组、蓬莱镇组为代表的河湖相紫红色砂页岩，厚度3000余米。侏罗纪末燕山运动使盆地上升，到了白垩纪，盆地东部和中部继续上升遭受到剥蚀未接受沉积，缺失白垩系，而盆地的西、北、南的边缘因相对下降，沉积了一套以城墙岩群为代表的陆相红色碎屑岩，厚度1000余米，最厚可达5000米。白垩纪末燕山运动又使盆地上升遭受剥蚀，致使下第三系和白垩系为假整合接触。

古近纪时,盆地继续上升,因而大部分地区缺失古近系至新近系的沉积,仅在盆地西南的名山、大邑、邛崃、洪雅等地有古近系至新近系的陆相碎屑岩沉积。古近纪末喜山运动特别强烈,致使地台的盖层(震旦系到古近系地层)发生褶皱,形成川西褶带、川中褶带、川东褶带以及川黔南北褶带,从而使盆地构造面貌基本形成,成为一个中、新生代的构造盆地。

第四纪,盆地以大面积的升降运动为主,盆地西部的成都平原继续沉降,盆地东部和中部则大幅度上升,沿河分布的 4~5 级阶地表明第四纪以来上升达 100 余米,这就形成了今日四川盆地的构造面貌。

重庆温泉

重庆是个多山、多江河的地区,境内群山葱翠,丘陵起伏,河网密布,在美丽的群山之中,幽静的河谷之旁,低平的溶蚀槽谷和洼地之上,大小温泉像晶莹的珍珠点缀其中。据统计,重庆的温泉有十五处,除著名的南、北、东、西温泉外,还有盐井、陈家湾、青木关、壁泉、猎儿泉、桥口坝、丰盛场、桃予荡、明月峡、统景场、铜锣峡等温泉。南、北温泉周围山清水秀,风景别具一格,吸引着成千上万的游客。

(一)重庆温泉的特征

1.温泉的泉眼多。青木关温泉有 13 个泉眼,东温泉有 11 个泉眼,统景场温泉有 10 个泉眼,北温泉原有 9 个泉眼,2008 年 5 月 12 日汶川地震后仅余 2 处涌水,其余泉眼均断流。陈家湾温泉有 7 个泉眼,南温泉有 3 个泉眼。泉水气泡不断,悉窣有声,呈"泉锅"形式出露地表。

2.温泉多分布在河流横切背斜低山的河岸,出露在三叠系嘉陵江组石灰岩和须家河组砂岩中。如南温泉、东温泉、桥口坝温泉等出露在三叠系嘉陵江组石灰岩中;北温泉、西温泉等出露在三叠系须家河组砂岩中。另外,在海拔较低的溶蚀槽谷或洼地的底部也有温泉分布,如青木关温泉、陈家湾温泉。温泉的含水岩层为三叠系嘉陵江组石灰岩。

3. 温泉多为中、低温热泉。水温均在50℃以下,中温热泉有桃予荡温泉(48℃)、统景场温泉(45℃)、东温泉(43.5℃)、南温泉(42.5℃)等;低温热泉有北温泉(37.5℃)、西温泉37℃)、桥口坝温泉(34℃)、青木关温泉(31℃)、壁泉(30℃)、明月峡温泉(38℃)等。

4. 温泉的水化学成分主要为硫酸盐型,水质主要是 SO_4—Ca 水,如北温泉、南温泉、东温泉和统景场温泉等;其次是 SO_4—Ca—Mg 水,如西温泉、青木关温泉、明月峡温泉等;再次是 HCO_3—SO_4—Ca 水,如盐井温泉。

5. 温泉的流量大而稳定,其中以统景场温泉流量最大,为100L/s,其次,北温泉流量为57L/s,西温泉流量为38L/s,南温泉流量为15L/s(因为过度开发,整体规划开采不合理,现在几乎不再自流)。这些温泉受大气降水影响小,一年之中水位、流量均无多大变化。

(二)重庆温泉成因的探讨

重庆地区无火山活动,地面有较厚的沉积岩层(厚 8000 ~ 12000米)覆盖,温泉离深部岩浆岩甚远,故重庆温泉均与岩浆作用无关。

1. 影响温泉出露的因素

温泉的出露与地质构造、地层岩性、地形地貌有关,特别与背斜上的断裂构造关系更为密切。重庆各背斜轴部大多数被走向压性逆断层破坏,张性构造裂隙甚为发育,背斜轴部三叠系灰岩裂隙率达3% ~6%,两翼的三叠系砂岩裂隙率为1% ~3%,这给温泉的出露创造了有利条件。因此,温泉多分布在背斜轴部附近,如北温泉的重要出水点均分布在温塘峡背斜轴部断裂附近。

2. 温泉水的补给途径问题

(1)沿背斜构造的纵向补给;

（2）沿向斜构造的横向补给；

（3）沿盆地边缘的环向补给。

南江水文地质队认为这三种补给途径都有存在的可能，具体问题应具体研究。重庆附近的温泉应以横向补给为主，其次是纵向和环向补给。其理由是：各背斜轴部和两翼的槽谷中，岩溶洼地、落水洞、漏斗、暗河等较为发育，能汇集大量地表水，具有良好的向下渗透条件。这些槽谷中的地下水位标高一般在 400～600 米之间，由于两侧须家河组（T_3xj）岩层的阻隔，地下水只能顺层循环于向斜构造中，流经向斜深部的高热地带（向斜中的嘉陵江组石灰岩埋没在 2500 米以下，地温高达 70℃ 以上）加热，横向补给地下水位较低（190～350 米）的相邻背斜中，由河流深切背斜而出露地表成为温泉。所以，重庆地区温泉多分布在横切背斜轴部的嘉陵江组灰岩、须家河组砂岩的河谷附近。

3. 温泉的热量来源问题

多数认为：温泉的热量主要来自地热。四川盆地平均地热增温级为 41.5m/℃。根据自贡市盐井的地热资料，该处地热增温级为 46m/℃。按此数计算，地下 2000 米深处地温应为 63℃。重庆向斜构造中嘉陵江组石灰岩（T_1j）普遍埋深在 2500 米以下，流经这个高热地带的地下水沿层面、构造裂隙、断层上升至地表，水温逐渐降至 30～40℃ 是可能的。可见，地热是温泉的主要热量来源。

重庆温泉水清澈，有的风景优美，气候宜人，不仅是很好的游览胜地，而且可供人们洗澡、疗养、治病，因此，政府在温泉附近建立了一些疗养院供人们疗养。温泉热能是人类历史上开辟的一个新能源，它既不烧煤，又不用电，经济而便宜，今后应充分利用。

图例说明

(一)各种地质符号(供参考)

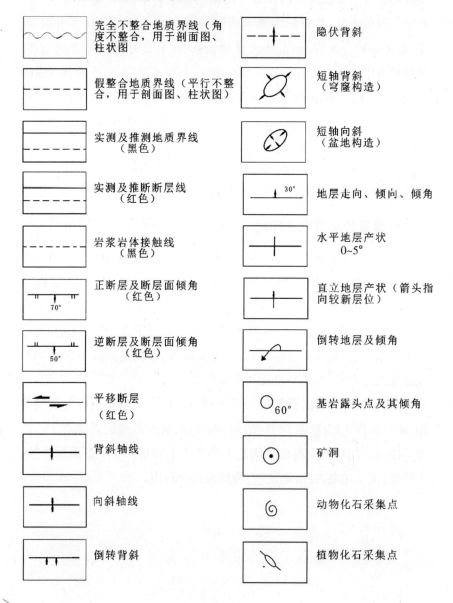

符号	说明	符号	说明
	完全不整合地质界线（角度不整合，用于剖面图、柱状图		隐伏背斜
	假整合地质界线（平行不整合，用于剖面图、柱状图）		短轴背斜（穹窿构造）
	实测及推测地质界线（黑色）		短轴向斜（盆地构造）
	实测及推断断层线（红色）		地层走向、倾向、倾角
	岩浆岩体接触线（黑色）		水平地层产状 0~5°
	正断层及断层面倾角（红色）		直立地层产状（箭头指向较新层位）
	逆断层及断层面倾角（红色）		倒转地层及倾角
	平移断层（红色）		基岩露头点及其倾角
	背斜轴线		矿洞
	向斜轴线		动物化石采集点
	倒转背斜		植物化石采集点

（二）各种常见岩石花纹图例（供参考）

1. 沉积岩花纹

（1）砾岩

砾岩
砂砾岩
角砾岩
复矿砾岩
钙质泥岩
砂质泥岩
铁质砾岩
硅质砾岩

（2）砂岩

粗砂岩
中砂岩
细砂岩
含砾砂岩
含砾复矿砂岩
石英砂岩
复矿砂岩
硬砂岩
长石砂岩
长石石英砂岩
钙质砂岩
泥质砂岩

铁质砾岩
含磷砂岩
凝灰质砂岩
海绿砂岩

（3）粉砂岩

粉砂
复矿粉砂岩
钙质粉砂岩
泥质粉砂岩
铁质粉砂岩
凝灰质粉砂岩

（4）页岩

泥质页岩(页岩)
钙质页岩
砂质页岩
粉砂质页岩
硅质页岩
炭质页岩
铝土页岩
凝灰质页岩
泥页岩(或粘土岩)
含钾页岩

（5）灰岩

石灰岩
结晶灰岩
含泥质灰岩
硅质灰岩
泥灰岩
白云质灰岩
砂质灰岩
生物灰岩
含燧石结核灰岩
鲕状灰岩
竹叶状灰岩
碎屑灰岩
角砾状灰岩
白云岩
泥质白云岩
砂质泥灰岩

（6）其他岩石

铝土岩
硅质岩
磷块岩
煤层及夹层
断层角砾岩

铁矿层

断层泥

2.火成岩花纹

(1)侵入岩

纯橄榄岩

橄榄岩

辉石岩

角闪石岩

蛇纹岩

辉长岩

辉长斑岩(玢岩)

斜长岩

辉绿岩(玢岩)

闪长岩

辉石闪长岩

角闪闪长岩

石英闪长岩

闪长斑岩(玢岩)

花岗闪长岩

斜长花岗岩

角闪花岗岩

二云母花岗岩

白云母花岗岩

黑云母花岗岩

碱性花岗岩(钾长花岗岩)

花岗斑岩

白岗岩

石英斑岩

石英二长岩

二长岩

二长斑岩

花岗正长岩

石英正长岩

正长岩

正长斑岩

霞石正长岩

霞石正长斑岩

霓霞岩

(2)岩脉、矿脉

超基性岩脉(未分)

基性岩(未分)

中性岩脉

细晶岩脉

伟晶岩脉

云煌岩

碱性岩脉

玢岩

煌斑岩脉

辉绿岩

矿体(脉)

3.喷出岩花纹

(1)火山碎屑岩

超基性喷出岩(以凝灰质为主)

超性喷出岩(以凝灰质为主)

中性喷出岩(以凝灰质为主)

酸性喷出岩(以凝灰质为主)

碱性喷出岩(以凝灰质为主)

角斑岩

细碧岩

细碧角斑岩

(2)熔岩

玄武岩

杏仁状玄武岩

安山玄武岩

安山岩

安山斑岩

安山玢岩

英安岩

流纹岩

流纹斑岩

粗面斑岩

粗面岩		正片麻岩		V	辉长岩(绿)	
石英斑岩		副片麻岩		ψ₁	辉岩(蓝绿)	

4.变质岩花纹

（1）区域变质岩

板岩(未分)	花岗片麻岩		σ	橄榄岩(深绿色)	
千枚岩(未分)	大理岩		λ	流纹岩(朱红)	
片岩(未分)	矽(硅)化灰		τ	粗面岩(橙色)	
矽(硅)质板岩	白云大理岩		α	安山岩(灰绿)	
钙质板岩	石英片岩		β	玄武岩(深绿)	
砂质板岩			β μ	辉绿岩细碧岩(浅绿)	
炭质板岩	**（2）混合岩**		γ π	花岗斑岩(大红)	

混合岩部分：
- 条带状混合岩
- 角砾状混合岩
- 网状混合岩
- 眼球状混合岩
- 分支混合岩
- 肠状混合岩

区域变质岩	
千枚状板岩	
石墨片岩	
帘石片岩	
斜长绿泥片岩	
蛇纹石片岩	
绿泥片岩	
滑石片岩	
变质砂岩	
石英岩	
长石石英岩	
角闪岩(未分)	
辉石岩	
片麻岩	

（3）岩石构造

- 肠状混合岩
- 肠状混合岩
- 肠状混合岩
- 肠状混合岩

5.主要岩浆岩组分代号及颜色

γ	花岗岩(红)
δ	闪长岩(橙红)
ζ	正长岩(橙)

6.岩脉、矿脉符号

q	石英脉(紫)
γ	酸性岩脉(暗红)
ι	细晶岩脉(淡红)
ρ	伟晶岩脉(玫瑰红)
δ	中性岩脉(蓝色)
N	基性岩脉(绿)
x	皇斑岩脉(棕)
μ	玢岩脉(灰绿)
v	辉长岩脉(绿)
Σ	超基性岩脉(紫)
x	碱性岩脉(橙)
Au	矿脉(代号用元素符号，色用矿种色)

（三）真、视倾角换算图

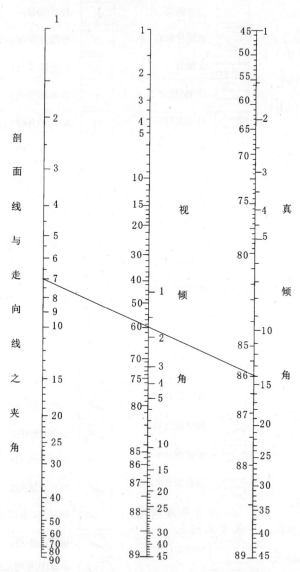

用法：根据实测剖面资料，在左尺和右尺上找到已测数据，用直尺相连，可迅速在中尺上找到相应的视倾角值。例表中，已知真倾角为86°，剖面与岩层走向夹角为7°，则视倾角为60°。图尺表是根据图算原理制作而成，图尺又称诺漠图。

附　图

斑岭地质图

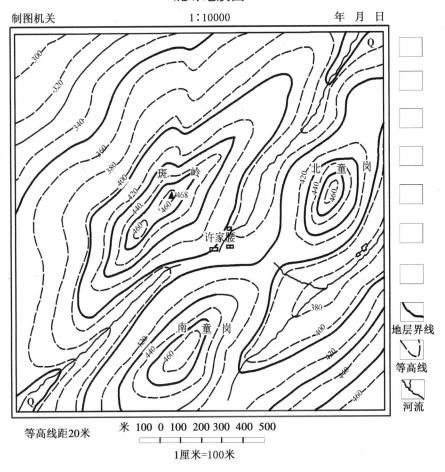

等高线距20米

米　100　0　100　200　300　400　500

1厘米=100米

地层界线

等高线

河流

参资资料

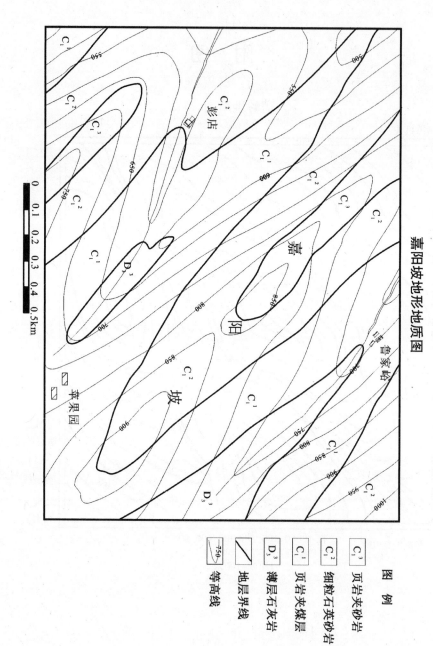

嘉阳坡地形地质图

图 例

- C_1^3 页岩夹砂岩
- C_1^2 细粒石英砂岩
- C_1^1 页岩夹煤层
- D_3^3 薄层石灰岩
- 地层界线
- ~750~ 等高线

基础地质学
实验实习指导

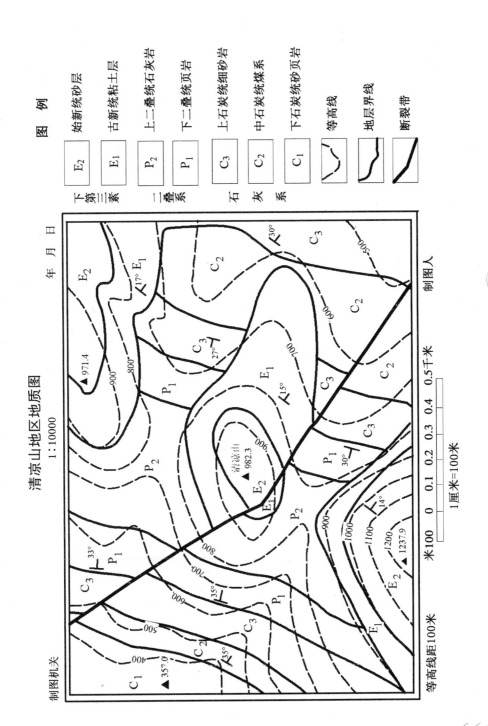

清凉山地区地质图

1:10000

图 例

E₂	始新统砂层
E₁	古新统粘土层
P₂	上二叠统石灰岩
P₁	下二叠统页岩
C₃	上石炭统细砂岩
C₂	中石炭统煤系
C₁	下石炭统砂页岩

下第三系 — E₂、E₁
二叠系 — P₂、P₁
石灰系 — C₃、C₂、C₁

等高线
地层界线
断裂带

制图机关
年 月 日
制图人

米100 0 0.1 0.2 0.3 0.4 0.5千米
1厘米=100米

等高线距100米

参考资料

春云岭地质图

制图机关　　　　　　　年　月　日

1:25000

制图人

等高线距100米

米 250　0　0.25　0.5　0.75　1.0　1.25km

基础地质学
实验实习指导

图例

Q₂ 第四系砂、卵石及粘土

K₂ 上白垩统粗砂岩

K₁ 下白垩统厚层砂岩，夹有石膏层

T₁ 下三叠统含砾石结核灰岩

P₃ 上三叠统含煤系夹泥灰岩

P₂ 中三叠统为煤系及泥灰岩

P₁ 下三叠统泥岩、煤系，厚层块状灰岩

C₂ 上石炭统白云岩及灰岩互层

C₁ 下石炭统灰岩、砂岩，底部为砾岩

γ 花岗岩

地质界线

地形等高线

岩层产状及倾角

断层及断层面倾角

河流

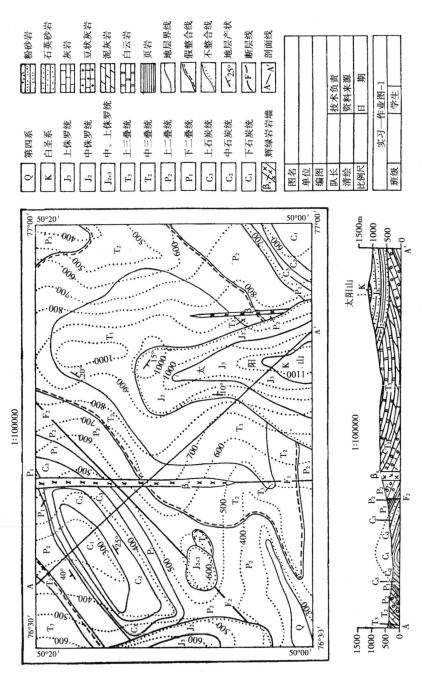

太阳山地区地形地质图

1:100000

参考文献

［1］曾允孚等.沉积岩石学［M］.北京:地质出版社,1986.

［2］王仁民等.变质岩石学［M］.北京:地质出版社,1989.

［3］邱家骧.岩浆岩岩石学［M］.北京:地质出版社,1985.

［4］谭光弼.古生物学简明教程［M］.北京:地质出版社,1983.

［5］李亚美,陈国勋.地质学基础(第二版)［M］.北京:地质出版社,1994.

［6］赵珊茸.结晶学及矿物学［M］.北京:高等教育出版社,2004.

［7］朱志澄,宋鸿林.构造地质学［M］.武汉:中国地质大学出版社,1999.

［8］徐开礼,朱志澄.构造地质学(第二版)［M］.北京:地质出版社,1989.

［9］徐开礼,朱志澄.构造地质学(第二版附本)［M］.北京:地质出版社,1989.

［10］赵澄林,朱筱敏.沉积岩石学(第三版)［M］.北京:石油工业出版社,2001.

［11］赵温霞.周口店地质及野外地质工作方法与高新技术应用［M］.武汉:中国地质大学出版社,2003.

［12］游振东,王方正.变质岩岩石学教程［M］.武汉:中国地质大学出版社,1988.

［13］李胜荣.结晶学与矿物学［M］.北京:地质出版社,2008.

［14］赵建刚,王娟鹃,孙舒东.结晶学与矿物学基础［M］.武汉:中国地质大学出版社,2009.

图版及说明

（一）自然元素类（Native Elements）

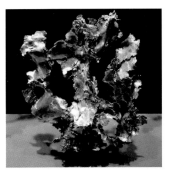

自然金

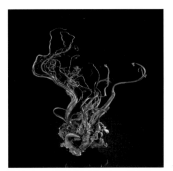

自然银

自然铜（集合体）

自然铋（晶体）

自然硫（集合体）

金刚石（晶体）

金刚石(晶体)　　　　　　　　石墨(集合体)

(二)硫化物类(Sulfides)

辉铜矿　　　　　　　　　　方铅矿

闪锌矿　　　　　　　　　　辰砂(红)

辉锑矿

辉钼矿

雄黄

雌黄

黄铁矿

黄铜矿

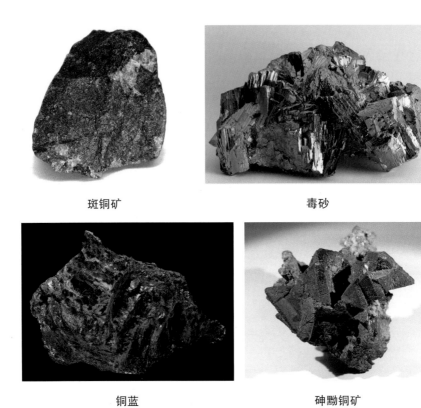

斑铜矿   毒砂

铜蓝   砷黝铜矿

(三)氧化物及氢氧化物(Oxides and Hydroxides)

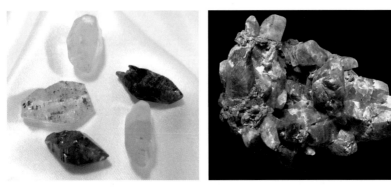

刚玉   刚玉(红宝石)

基础地质学
实验实习指导

刚玉（蓝宝石）

镜铁矿

锡　石

赤铁矿

软锰矿

葡萄状硬锰矿

水晶

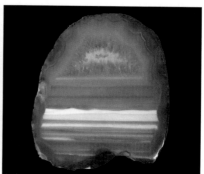

玛瑙

蛋白石

磁铁矿

铬铁矿

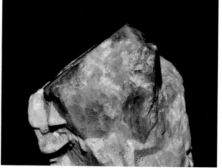

尖晶石（蓝）

尖晶石（红）

褐铁矿

铝土矿

黑钨矿（黑）＋石英

（四）卤化物（Halides）

氟石（萤石）

石盐

（五）硅酸盐类（Silicates）

锆　石

橄榄石

黄　玉

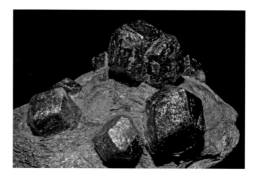

石榴子石（铁铝榴石）

黄　玉

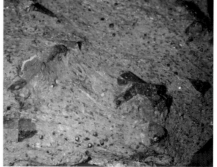

红柱石

绿柱石(铯绿柱石、海蓝宝石及金色绿柱石)　　　绿柱石(祖母绿)

锂电气石(+ 石英 + 钠长石)　　　镁电气石

硅灰石　　　阳起石

普通灰石

绿帘石

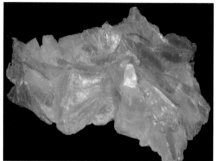

滑　石

金云母

普通角闪石

黑云母

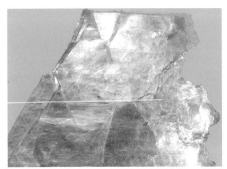

白云母

蛭石

绿泥石（含铬）

纤蛇纹石

利蛇纹石

叶蛇纹石

高岭石　　　　　　　　　　　　　正长石/钾长石

斜长石(纳长石)　　　　　　　　　微斜长石(天河石)

似长石类:白榴石　　　　　　　　　似长石类:霞石

基础地质学
实验实习指导

(六)硝酸盐类(Nitrates)

钠硝石(智利硝石)

钠砂石(晶体)

(七)碳酸盐类(Carbonates)

方解石

冰洲石

菱镁矿

菱铁矿

菱锰矿　　　　　　　　　　白云石

孔雀石　　　　　　　　　　蓝铜矿

孔雀石(绿)和蓝铜矿(蓝)　　　　　天然碱

(八)硫酸盐类(Sulfates)

重晶石

明矾石

石膏

石膏

(九)磷酸盐类(Phosphates)

磷灰石

磷灰石 + 方解石(红)

(十)钨酸盐类(Tungstate)

钨酸钙矿(白钨矿)　　　　钨酸钙矿(紫外光照发蓝色荧光)

(十一)硼酸盐类(Borates)

硼砂

(十二)碳氢化合物(Organic Minerals)

琥珀　　　　　　　　　　沥青

基础地质学
实验实习指导